安全培训系列教材

U0645291

低压电工作业安全
试题汇编

主编　沈　辉
主审　许家勇

哈尔滨工程大学出版社
Harbin Engineering University Press

内 容 简 介

本书是低压电工作业人员安全技术培训教材。本书内容包括低压电工作业安全技术培训要求、低压电工作业安全技术实际操作考试标准、低压电工作业理论考试题目汇编、低压电工作业实际操作考试题目汇编及与低压电工作业有关的知识五个部分。本书特点是贴近生产实际，具有较高的可操作性和一定的实用价值。

本书可作为低压电工作业人员安全技术培训教材，也可供相关人员参考使用。

图书在版编目(CIP)数据

低压电工作业安全试题汇编／沈辉主编. —哈尔滨：
哈尔滨工程大学出版社，2019.11
ISBN 978 – 7 – 5661 – 2490 – 6

Ⅰ．①低…　Ⅱ．①沈…　Ⅲ．①低电压 – 电工 – 安全培训 – 习题集
Ⅳ．①TM08 – 44

中国版本图书馆 CIP 数据核字(2019)第 239020 号

选题策划　史大伟　薛　力
责任编辑　薛　力
封面设计　李海波

出版发行　哈尔滨工程大学出版社
社　　址　哈尔滨市南岗区南通大街 145 号
邮政编码　150001
发行电话　0451 – 82519328
传　　真　0451 – 82519699
经　　销　新华书店
印　　刷　北京中石油彩色印刷有限责任公司
开　　本　787 mm × 1 092 mm　1/16
印　　张　9
字　　数　233 千字
版　　次　2019 年 11 月第 1 版
印　　次　2019 年 11 月第 1 次印刷
定　　价　30.00 元
http://www.hrbeupress.com
E-mail：heupress@ hrbeu.edu.cn

前　　言

　　现阶段我国职业教育正在迅速发展,随着科技的进步,当代的新知识、新技术和新工艺越来越多地融入传统职业知识和技能中。我们本着"以就业为导向"的目标,以职业能力为依据,根据行业专家对低压电工作业人员安全技术培训的任务和职业能力的分析,结合双证融通技能考核要求编写本培训校材。本书是低压电工作业人员安全技术培训教材,内容贴近生产实际,具有较高的可操作性和一定的实用价值。全书内容包括低压电工作业安全技术培训要求、低压电工作业安全技术实际操作考试标准、低压电工作业理论考试题目汇编、低压电工作业实际操作考试题目汇编及与低压电工作业有关的知识五个部分。在教材编写结构上,以现代社会要求低压电工作业人员安全技术必须掌握的几类主要技术能力为试题分类标准,由浅入深地组织试题内容,这样思路更清晰,更具有内容的独立性。本教材由上海船厂技工学校沈辉编写,在编写过程中得到校领导和有关专家的大力支持与帮助,在此谨向所有为本教材的出版做出贡献的人员表示感谢。

　　由于编者水平有限,加之时间仓促,教材中如有疏漏、不妥或错误,敬请读者指正。

编　者

2019 年 10 月

目　　录

第一部分 低压电工作业安全技术培训要求

为有效预防电气安全事故的发生,规范电工作业人员的管理,我国将电工作业人员纳入特种作业人员管理。特种作业人员是指直接从事特种作业的人员。特种作业是指容易发生人员伤亡事故,对操作者本人、他人及周围设施的安全可能造成重大危害的作业。

《中华人民共和国安全生产法》第二十七条规定,生产经营单位的特种作业人员必须按照国家有关规定经专门的安全作业培训,取得相应资格,方可上岗作业。第九十四条规定,生产经营单位特种作业人员未按照规定经专门的安全作业培训并取得相应资格,上岗作业的,责令生产经营单位限期改正,可以处五万元以下的罚款;逾期未改正的,责令停产停业整顿,并处五万元以上十万元以下的罚款,对其直接负责的主管人员和其他直接责任人员处一万元以上二万元以下的罚款。企业、事业单位使用无持特种作业操作证人员从事特种作业的,发生重大伤亡事故或者造成其他严重后果,按《中华人民共和国刑法》第一百三十四条规定,处三年以下有期徒刑或者拘役;情节特别恶劣的,处三年以上七年以下有期徒刑。

2010年5月,国家安全生产监督管理总局发布了《特种作业人员安全技术培训考核管理规定》(国家安全生产监督管理总局令30号),具体规定了电工作业、焊接与热切割作业、高处作业、制冷作业、危险化学品安全作业等11个作业类别为特种作业,电工作业是指对电气设备进行运行、维护、安装、检修、改造、施工、调试等作业(不含电力系统进网作业),分为低压电工、高压电工、防爆电气作业。本教材主要适用于低压电工作业培训。

特种作业人员应当符合下列条件:

(1)年满18周岁,且不超过国家法定退休年龄;

(2)经社区或者县级以上医疗机构体检健康合格,并无妨碍从事相应特种作业的器质性心脏病、梅尼埃病、眩晕、癫症、帕金森病、精神病、痴呆以及其他疾病和生理缺陷;

(3)具有初中及以上文化程度;

(4)具备必要的安全技术知识与技能;

(5)相应特种作业规定的其他条件。

危险化学品特种作业人员除符合前款第(1)项、第(2)项、第(4)项和第(5)项规定的条件外,应当具备高中或者相当于高中及以上文化程度。

特种作业人员符合上述条件并接受与本工种相适应的专门的安全技术培训,经安全技术理论考核和实际操作技能考核合格,持证上岗。特种作业操作证全国通用,每3年复审1次。特种作业人员在特种作业操作证有效期内,连续从事本工种10年以上,严格遵守有关安全生产法律法规的,经原考核发证机关或者从业所在地考核发证机关同意,特种作业操作证的复审时间可以延长至每6年1次。

根据国家安全生产监督管理总局《电工作业人员安全技术培训大纲及考核标准(试行)》,低压电工作业是指对1 kV以下的低压电气设备进行安装、调试、运行操作,维护、检修、改造施工和试验的作业。低压电工作业培训考核计划见表1-1、表1-2。

表 1-1　低压电工作业人员安全技术培训计划

项目		培训内容	学时
安全技术知识 (88 学时)	安全基本知识 (24 学时)	安全生产常识	4
		触电事故及现场救护	4
		防触电技术	4
		电气防火与防爆	4
		防雷和防静电	4
	安全技术基础 知识(24 学时)	电工基础知识	8
		电工仪表及测量	8
		电工安全用具与安全标识	4
		电工工具及移动电气设备	4
	安全技术专业 知识(40 学时)	低压电气设备	12
		异步电动机	8
		电气线路	8
		照明设备	8
		电力电容器	4
		复习	2
		考试	2
合计			88
实际操作技能 (60 学时)		低压电气设备安装与调试操作	14
		低压配电及电气照明安装操作	10
		电气设备维护与检修操作	12
		电工测量操作	8
		防火防雷设备使用操作	4
		安全用具使用操作	4
		触电急救操作	4
		复习	2
		考试	2
合计			60

表 1-2　压电工作业人员安全技术复审培训计划

项目	培训内容	学时
复审培训 (8 学时)	典型事故案例分析	6
	相关法律、法规、标准、规范	
	电气方面的新技术、新工艺、新材料	
	复习	1
	考试	1
合计		8

第二部分 低压电工作业安全技术 实际操作考试标准

1. 制定依据

《低压电工作业安全技术培训大纲及考核标准》。

2. 考试方式

实际操作、仿真模拟操作、口述方式。

3. 考试要求

3.1 实操科目及内容

3.1.1 科目一:安全用具使用(K1)

3.1.1.1 电工仪表安全使用(K11)

3.1.1.2 电工安全用具使用(K12)

3.1.1.3 电工安全标识的辨识(K13)

3.1.2 科目二:安全操作技术(K2)

3.1.2.1 电动机单向连续运转接线(带点动控制)(K21)

3.1.2.2 三相异步电动机正反运行的接线及安全操作(K22)

3.1.2.3 单相电能表带照明灯的安装及接线(K23)

3.1.2.4 带熔断器(断路器)、仪表、电流互感器的电动机运行控制电路接线(K24)

3.1.2.5 导线的连接(K25)

3.1.3 科目三:作业现场安全隐患排除(K3)

3.1.3.1 判断作业现场存在的安全风险、职业危害(K31)

3.1.3.2 结合实际工作任务,排除作业现场存在的安全风险、职业危害(K32)

3.1.4 科目四:作业现场应急处置(K4)

3.1.4.1 触电事故现场的应急处理(K41)

3.1.4.2 单人徒手心肺复苏操作(K42)

3.1.4.3 灭火器的选择和使用(K43)

3.2 组卷方式

实操试卷从上述四类考题中,各抽取一道实操题组成。具体题目由考试系统或考生抽取产生。

3.3 考试成绩

实操考试成绩总分值为 100 分,80 分(含)以上为考试合格;若考题中设置有否决项未通过,则实操考试不合格。科目一、科目二、科目三、科目四的分值权重分别为 40%、20%、

20%、20%。

3.4 考试时间

60分钟。

4. 考试内容

4.1 安全用具使用(K1)

4.1.1 电工仪器仪表安全使用(K11)

4.1.1.1 考试方式:实际操作、口述。

4.1.1.2 考试时间:10分钟。

4.1.1.3 安全操作步骤:

(1)按给定的测量任务,选择合适的电工仪表;

(2)对所选的仪器仪表进行检查;

(3)正确使用仪器仪表;

(4)正确读数,并对测量数据进行判断。

4.1.1.4 评分标准

K11电工仪表安全使用 考试时间:10分钟

序号	考试项目	考试内容	配分	评分标准
1	电工仪表安全使用	选择合适的电工仪表	20	口述各种电工仪表的作用,不正确扣3~10分。针对考评员布置的测量任务,正确选择合适的电工仪表(万用表、钳形电流表、兆欧表、接地电阻测试仪)。仪表选择不正确,扣10分
		仪表检查	20	正确检查仪表的外观,未检查外观,扣5分。未检查合格证,扣5分。未检查完好性,扣10分
		正确使用仪表	50	遵循安全操作规程,按照操作步骤正确使用仪表。操作步骤违反安全规程得零分,操作步骤不完整视情况扣5~50分
		对测量结果进行判断	10	未能对测量的结果进行分析判断,扣10分
2	否定项	否定项说明	扣除该题分数	对给定的测量任务,无法正确选择合适的仪表,违反安全操作规范导致自身或仪表处于不安全状态等,考生该题得零分,终止该项目考试
3	合计		100	

4.1.2 电工安全用具使用(K12)

4.1.2.1 考试方式:实际操作方式、口述。

4.1.2.2　考试时间:10 分钟。

4.1.2.3　安全操作步骤:

(1)熟知各种低压电工个人防护用品的用途及结构;

(2)能对各种低压电工个人防护用品进行检查;

(3)熟悉各种低压电工个人防护用品保养要求。

4.1.2.4　评分标准

K12 电工安全用具使用　考试时间:10 分钟

序号	考试项目	考试内容	配分	评分标准
1	低压电工个人防护用品使用	个人防护用品的用途及结构	30	口述低压电工个人防护用品[低压验电器绝缘手套、绝缘鞋(靴)、安全帽、防护眼镜、绝缘夹钳、绝缘垫,携带型接地线、脚扣、安全带、登高板等用品中抽考三种]的作用及使用场合,叙述有误扣 3~15 分。口述各种低压电工个人用品的结构组成,叙述有误扣 3~15 分
		个人防护用品的检查	15	正确检查外观,未检查外观,扣 5 分。未检查合格证,扣 5 分。未进行可使用性检查,扣 5 分
		正确使用个人防护用品	40	遵循安全操作规程,按照操作步骤正确使用个人防护用品。操作步骤违反安全规程得零分;步骤不完整,视情况扣 5~40 分
		个人防护用品的保养	15	未正确口述所选个人防护用品的保养要点,扣 3~15 分
2	合计		100	

4.1.3　电工安全标识的辨识(K13)

4,1.3.1　考试方式:口述。

4.1.3.2　考试时间:10 分钟。

4.1.3.3　安全操作步骤:

(1)熟悉低压电工作业常用的安全标识;

(2)能对指定的安全标识进行文字说明;

(3)能对指定的作业场景合理布置相关的安全标识。

4.1.3.4 评分标准

K13 电工安全标识的辨识　考试时间:10 分钟

序号	考试项目	考试内容	配分	评分标准
1	常用的安全标识的辨识	熟悉常用的安全标志	20	指认图片上所列的安全标识(5 个),全对得20 分。错一个,扣 4 分
		常用安全标志用途解释	20	能对指定的安全标识(5 个)用途进行说明,并解释其用途。错一个,扣 4 分
		正确布置安全标志	60	按照指定的作业场景,正确布置相关的安全标识(2 个)。选错标识一个,扣 20 分;摆放位置错误一个,扣 10 分
2	合计		100	

4.2　安全操作技术(K2)

4.2.1　电动机单向连续运转接线(带点动控制)(K21)

4.2.1.1　考试方式:实际操作、仿真模拟操作、口述。

4.2.1.2　考试时间:30 分钟。

4.2.1.3　安全操作步骤:

(1)按给定电气原理图,选择合适的电气元件及绝缘电线;

(2)按要求对电动机进行单向连续运转接线(带点动控制);

(3)通电前使用仪表检查电路,确保不存在安全隐患以后再上电;

(4)电动机点动、连续运行、停止。

4.2.1.4　评分标准

K21 电动机单向连续运转接线(带点动控制)　考试时间:30 分钟

序号	考试项目	考试内容	配分	评分标准
1	电动机单向连续运转接线(带点动控制)	运作操作	60	接线正确,通电正常运行:接线处露铜超出标准规定,每处扣 3 分;接线松动每处扣 3 分;接地线少接一处扣 10 分;导线(颜色、截面)选择不正确每处扣 10 分
		安全作业环境	20	正确使用仪表检查线路,操作规范,工位整洁得 20 分,达不到要求的每项扣 5 分
		问答及口述	20	口述:短路保护与过载保护的区别。回答问题完整、正确得 20 分,未达到要求扣 5 ~ 20 分
2	否定项	否定项说明	扣除该题分数	通电不成功、跳闸、熔断器烧毁、损坏设备、违反安全操作规范等,考生该题记为零分,并终止整个实操项目考试
3	合计		100	

4.2.2 三相异步电动机正反转运行的接线及安全操作(K22)

4.2.2.1 考试方式:实际操作、仿真模拟操作、口述。

4.2.2.2 考试时间:45分钟。

4.2.2.3 安全操作步骤:

(1)按给定电气原理图,选择合适的电气元件及绝缘电线进行接线;

(2)按要求对电动机进行正反运行接线;

(3)通电前使用仪表检查电路,确保不存在安全隐患以后再上电;

(4)电动机运行良好,各项控制功能正常实现。

4.2.2.4 评分标准

K22 三相异步电动机正反运行的接线及安全操作　考试时间:45分钟

序号	考试项目	考试内容	配分	评分标准
1	三相异步电动机正反运行的接线及安全操作	运行操作	50	接线正确,通电正常运行;接线处露铜超出标准规定,每处扣3分;接线松动每处扣3分;接地线少接一处扣10分;导线(颜色、截面)选择不正确每处扣10分
		安全作业环境	20	正确使用仪表检查线路,操作规范,工位整洁的20分;达不到要求的每处扣5分
		问答及口述	30	口述:①正确使用控制按钮(控制开关);②正确选择电动机熔断器的熔体或断路器;③正确选用保护接地、保护接零。回答问题完整、正确,每项得10分。未达到要求每项扣3~10分
2	否定项	否定项说明	扣除该题分数	通电不成功、跳闸、熔断器烧毁、损坏设备、违反安全操作规范等,考生该题记为零分,并终止整个实操项目考试
3	合计		100	

4.2.3 单相电能表带照明灯的安装及接线(K23)

4.2.3.1 考试方式:实际操作、仿真模拟操作、口述。

4.2.3.2 考试时间:30分钟。

4.2.3.3 安全操作步骤:

(1)按给定电气原理图,选择合适的电气元件及绝缘电线;

(2)按要求进行单相电能表并带照明灯的安装及接线;

(3)通电前使用仪表检查电路,确保不存在安全隐患以后再上电;

(4)照明灯点亮、电度表运行。

4.2.3.4 评分标准

K23 单相电能表带照明灯的安装及接线　考试时间:30 分钟

序号	考试项目	考试内容	配分	评分标准
1	单相电能表带照明灯的安装及接线	运行操作	50	接线正确,通电正常运行:接线处露铜超出标准规定,每处扣 3 分;接线松动每处扣 3 分;接地线少接一处扣 10 分;导线(颜色、截面)选择不正确每处扣 10 分
		安全作业环境	20	正确使用仪表检查线路,操作规范,工位整洁得 20 分;达不到要求的每项扣 5 分
		问答及口述	30	口述:①电能表的基本结构与原理;②日光灯电路组成;③漏电保护器的正确选择和使用。回答问题完整、正确,每项得 10 分。未达到要求每项扣 3～10 分
2	否定项	否定项说明	扣除该题分数	通电不成功跳闸、熔断器烧毁、损坏设备,违反安全操作规范等,考生该题记为零分,并终止整个实操项目考试
3	合计		100	

4.2.4　带熔断器(断路器)、仪表、电流互感器的电动机运行控制电路接线(K24)

4.2.4.1　考试方式:实际操作方式、仿真模拟操作、口述。

4.2.4.2　考试时间:30 分钟。

4.2.4.3　安全操作步骤:

(1)按给定电气原理图,选择合适的电气元件及绝缘电线;

(2)按要求进行带熔断器、仪表、电流互感器的电动机运行控制电路接线;

(3)通电前使用仪表检查电路,确保不存在安全隐患以后再上电;

(4)电动机连续运行、停止、电压表和电流表正常显示。

4.2.4.4　评分标准

K24 带熔断器(断路器)、仪表、电流互感器的电动机运行控制　电路接线考试时间:30 分钟

序号	考试项目	考试内容	配分	评分标准
1	带熔断器(断路器)、仪表、电流互感器的电动机运行控制电路接线	运行操作	60	接线正确,通电正常运行:接线处露铜超出标准规定,每处扣 3 分;接线松动每处扣 3 分;接地线少接一处扣 10 分;导线(颜色、截面)选择不正确每处扣 10 分
		安全作业环境	20	正确使用仪表检查线路,操作规范,工位整洁得 20 分;达不到要求的每项扣 5 分
		问答及口述	20	口述:①电流表、互感器的选用;②已知线路电流为 80 A,试为其选择电流表、电流互感器。回答问题完整、正确,每项得 10 分;未达到要求每项扣 3～10 分

序号	考试项目	考试内容	配分	评分标准
2	否定项	否定项说明	扣除该题分数	通电不成功跳闸、熔断器烧毁、损坏设备、违反安全操作规范等,考生该题记为零分,并终止整个实操考试
3	合计		100	

4.2.5　导线的连接(K25)

4.2.5.1　考试方式:实际操作、仿真模拟操作、口述。

4.2.5.2　考试时间:30分钟。

4.2.5.3　安全操作步骤:

(1)单股导线的连接、多股导线的连接;

(2)导线的直接、分接、压接

(3)绝缘胶带的正确使用

4.2.5.4　考试评分标准

K25 导线的连接　考试时间:30分钟

序号	考试项目	考试内容	配分	评分标准
1	导线的连接	导线连接	60	接线规范、可靠、紧密、合理得满分60分,接线露铜处尺寸不均匀每端扣10分,露铜处尺寸超标每端扣10分,绝缘包扎不规范每端扣10分
		安全作业环境	20	合理使用电工工具、不损坏工具、工位整洁得20分,不足的每项扣5分
		问答及口述	20	口述①导线的连接方法有哪些? ②根据给定的功率(或负载电流),估算选择导线截面。回答问题完整、正确,每题得10分;未达到要求每项扣3～10分
2	否定项	否定项说明	扣除该题分数	接头连接不紧密、松动,考生该题记为零分,并终止整个实操项目考试
3	合计		100	

4.3　作业现场安全隐患排除(K3)

4.3.1　判断作业现场存在的安全风险、职业危害(K31)

4.3.1.1　考试方式:口述。

4.3.1.2　考试时间:10分钟。

4.3.1.3　安全操作步骤:

(1)认真阅读考官提供的作业现场、图片或视频。

(2)指出其中存在的安全风险和职业危害,具体可能涉及如下:

①现场作业时个人防护措施没做好;

②作业现场乱拉电线或用电方法不安全;

③现场作业时未放置相应的安全标识,如设备检修时,开关操作把手未挂"有人工作,禁止合用"标识牌;

④带电设备未规划安全区域,未悬挂"止步,高压危险!"标志牌;

⑤操作时存在操作错误项;

⑥应急处理方法不当;

⑦作业现场工具乱摆放。

4.3.1.4 评分标准

K31 判断作业现场存在的安全风险、职业危害 考试时间:10 分钟

序号	考试项目	考试内容	配分	评分标准
1	判断作业现场存在的安全风险、职业危害	观察作业现场、图片或视频,明确作业任务或用电环境	25	通过观察作业现场、图片或视频,口述其中的作业任务或用电环境,正确得 25 分,不正确扣 5~25 分
		安全风险和职业危害判断	75	口述其中存在的安全风险及职业危害,指出一个得 15 分
2	合计		100	

4.3.2 结合实际工作任务,排除作业现场存在的安全风险、职业危害(K32)

4.3.2.1 考试方式:实际操作、仿真模拟操作、口述。

4.3.2.2 考试时间:10 分钟。

4.3.2.3 安全操作步骤:

(1)明确作业任务,做好个人防护;

(2)观察作业现场环境;

(3)排除作业现场存在的安全风险;

(4)进行安全操作。

4.3.2.4 评分标准

K32 结合实际工作任务,排除作业现场存在的安全风险、职业危害 考试时间:10 分钟

序号	考试项目	考试内容	配分	评分标准
1	结合实际工作任务,排除作业现场存在的安全风险、职业危害	个人安全意识	20	未能明确作业任务,做好个人防护,视准备情况扣 5~20 分
		风险排除	50	观察作业现场环境,排除作业现场存在的安全风险,每少排除一个,扣 15 分,若未排除项会影响操作时人身和设备的安全,扣 50 分

序号	考试项目	考试内容	配分	评分标准
2	安全操作	安全操作	30	口述该项操作的安全规程。每少说一条扣5分
	合计		100	

4.4　作业现场应急处置(K4)

4.4.1　触电事故现场的应急处理(K41)

4.4.1.1　考试方式:口述。

4.4.1.2　考试时间:10分钟。

4.4.1.3　安全操作步骤

(1)低压触电时脱离电源方法及注意事项:

①发现有人低压触电,立即寻找最近的电源开关,进行紧急断电,不能断开关再采用绝缘的方法切断电源;

②在触电人脱离电源的同时,救护人应防止自身触电,还应防止触电人脱离电源后发生二次伤害;

③让触电者在通风暖和的处所静卧休息,根据触电者的身体特征,做好急救前的准备工作;

④如触电人触电后已出现外伤,处理外伤不应影响抢救工作;

⑤夜间有人触电,急救时应解决临时照明问题。

(2)高压触电时脱离电源方法及注意事项:

①发现有人高压触电,应立即通知上级有关供电部门,进行紧急断电,不能断电则采用绝缘的方法挑开电线,设法使其尽快脱离电源。

②在触电人脱离电源的同时,救护人应防止自身触电,还应防止触电人脱离电源后发生二次伤害。

③根据触电者的身体特征,派人严密观察,确定是否请医生前来或送往医院诊察。

④让触电者在通风暖和的处所静卧休息,根据触电者的身体特征,做好急救前的准备工作;夜间有人触电,急救时应解决临时照明问题。

⑤如触电人触电后已出现外伤,处理外伤不应影响抢救工作。

4.4.1.4　考试评分标准

K41 触电事故现场的应急处理　考试时间:10分钟

序号	考试项目	考试内容	配分	评分标准
1	触电事故现场应急处理	低压触电的断电应急程序	50	口述低压触电脱离电源方法不完整扣5~25分,口述注意事项不合适或不完整扣5~25分
		高压触电的断电应急程序	50	口述高压触电脱离电源方法不完整扣5~25分,口述注意事项不合适或不完整扣5~25分

序号	考试项目	考试内容	配分	评分标准
2	否定项	否定项说明	扣除该题分数	口述高低压触电脱离电源方法不正确,终止整个实操项目考试
	合计		100	

4.4.2 单人徒手心肺复苏操作(K42)

4.4.2.1 考试方式:实际操作。

4.4.2.2 考试时间:3 分钟。

4.4.2.3 安全操作步骤:

(1)判断意识:拍患者肩部,大声呼叫患者。

(2)呼救:环顾四周,请人协助救助,解衣扣、松腰带、摆体位。

(3)判断颈动脉搏动:手法正确(单侧触摸,时间不少于 5 s)。

(4)定位:胸骨中下 1/3 处,一手掌根部放于按压部位,另一手平行重叠于该手手背上,手指并拢,以掌根部接触按压部位,双臂位于患者胸骨的正上方,双肘关节伸直,利用上身重量垂直下压。

(5)胸外按压:按压速率每分钟至少 100 次,按压幅度至少 5 cm(每个循环按压 30 次,时间 15~18 s)。

(6)畅通气道:摘掉假牙,清理口腔。

(7)打开气道:常用仰头抬颏法托颌法,标准为下颌角与耳垂的连线与地面垂直。

(8)吹气:吹气时看到胸廓起伏,吹气毕,立即离开口部,松开鼻腔,待患者胸廓下降后,再吹气(每个循环吹气 2 次)。

(9)完成 5 次循环后判断有无自主呼吸、心跳,观察双侧瞳孔。

(10)整体质量判定有效指征:有效吹气 10 次,有效按压 150 次,并判定效果(从判断颈动脉搏动开始到最后一次吹气,总时间不超过 130 s)。

(11)安置患者,整理服装,摆好体位,整理用物。

(12)整体评价:个人着装整齐。

4.4.2.4 评分标准:

(1)配分标准:100 分,各项目所扣分数总和不得超过该项应得分值。

(2)评分表:

K42 单人徒手心肺复苏操作　考试时间:3 分钟

序号	考试项目	考试内容	配分	评分标准
1	判断意识	拍患者肩部,大声呼叫患者	4	一项做不到扣 2 分
2	呼叫	环顾四周,请人协助救助,解衣扣、松腰带、摆体位	4	不呼救扣 1 分;未解衣扣、腰带各扣 1 分;未述摆体位或体位不正确扣 1 分

序号	考试项目	考试内容	配分	评分标准
3	判断颈动脉搏动	手法正确(单侧触摸,时间不少于5 s)	6	不找甲状软骨扣2分;位置不对扣2分;触摸时不停留扣2分;同时触摸两侧颈动脉扣2分;大于10 s扣2分;小于5 s扣2分(最多扣6分)
4	定位	胸骨中下1/3处,一手掌根部放于按压部位,另一手平行重叠于该手手背上,手指并拢,以掌根部接触压部位,双臂位于患者胸骨的正上方,双肘关节伸直,利用上身重量垂直下压	6	位置靠左、右、上、下均扣1分;一次不定位扣1分;定位方法不正确扣1分
5	胸外按压	按压速率每分钟至少100次,按压幅度至少5 cm(每个循环按压30次,时间15~18 s)	30	节律不均匀扣5分;一次小于15 s或大于18 s扣5分;1次按压幅度小于5 cm扣2分;1次胸壁不回弹扣2分
6	畅通气道	摘掉假牙,清理口腔	4	不清理口腔扣1分;未摘掉假牙扣1分;头偏向一侧扣2分
7	打开气道	常用仰头拍额法、托颌法,标准为下颌角与耳垂的连线与地面垂直	6	未打开气道不得分;过度后仰或程度不够均扣4分
8	吹气	吹气时看到胸廓起伏,吹气毕,立即离开口部,松开鼻腔,视患者胸廓下降后,再吹气(每个循环吹气2次)	20	失败一次扣2分;一次未捏鼻孔扣1分;两次吹气间不松鼻孔扣1分;不看胸廓起伏扣1分(共10次20分)
9	判断	完成5次循环后判断有无自主呼吸、心跳,观察双侧瞳孔	4	一项不判断扣1分;少观察一侧瞳孔扣0.5分,触摸颈动脉扣分同上
10	整体质量判断有效指征	有效吹气10次,有效按压150次,并判定效果(从判断颈动脉搏动开始到最后一次吹气,总时间不超过130 s)	10	掌跟不重叠扣1分;手指不离开胸壁扣1分;每次按压手掌离开胸壁扣1分;按压时身体不垂直扣1分;一项不符合要求扣1分;少按、多按压1次各扣1分;少吹、多吹气1次各扣1分;总时间每超过5 s扣1分
11	整理	安置患者,整理服装,摆好体位,整理用物	6	一项不符合要求扣1分
12	整体评价	个人着装整齐	2	未戴帽扣1分,穿深色袜子扣1分
13	合计		100	

4.4.3 灭火器的选择和使用(K43)

4.4.3.1 考试方式:实际操作、仿真模拟操作。

4.4.3.2 考试时间:5分钟。

4.4.3.3 安全操作步骤:

(1)准备工作:检查灭火器压力、铅封、出厂合格证、有效期、瓶体、喷管。

(2)火情判断:根据火情选择合适的灭火器迅速赶赴火场;正确判断风向。

(3)灭火操作:站在火源上风口;离火源3~5 m距离迅速拉下安全环;手握喷嘴对准着火点,压下手柄,侧身对准火源根部由近及远扫射灭火;在干粉喷完前(3 s)迅速撤离火场,火未熄灭应继续更换操作。

(4)检查确认:检查灭火效果;确认火源熄灭;将使用过的灭火器放到指定位置;注明已使用;报告灭火情况。

(5)清点收拾工具,清理现场。

4.4.3.4 评分标准

(1)配分标准:100分,各项目所扣分数总和不得超过该项应得分值。

(2)评分表:

灭火器的选择和使用 考试时间:5分钟

序号	考试项目	考试内容	配分	评分标准
1	准备工作	检查灭火器压力、铅封、出厂合格证、有效期、瓶体、喷管	10	未检查灭火器扣10分;压力、铅封、瓶体、喷管、有效期、出厂合格证漏检查一项扣2分
2	火情判断	根据火情选择合适的灭火器,迅速赶赴火场,准确判断风向	15	灭火器选择错误扣15分;风向判断错误扣15分;赶赴火场动作迟缓扣5分
3	灭火操作	站在火源上风口,离火源3~5 m距离迅速拉下安全环	20	1. 未站火源上风口扣20分; 2. 灭火距离不对扣10分; 3. 未迅速拉下安全环扣5分
		手握喷嘴对准着火点,压下灭火操作柄,侧身对准火源根部由近及远扫射灭火;在干粉喷完前(3 s)迅速撤离火场,火未熄灭应继续更换操作	25	未侧身对准火源根部扫射扣10分;未由近及远灭火扣10分;干粉喷完前未迅速撤离扣10分;火未熄灭就停止操作扣10分
4	检查确认	检查灭火效果,确认火源熄灭	10	未检查灭火效果扣10分;未确认火源熄灭扣10分
		将使用过的灭火器放到指定位置;注明已使用	10	未放到指定位置扣5分;未注明已使用扣10分
		报告灭火情况	5	未报告灭火情况扣5分
5	现场清理	清理	5	未清理工具、现场扣5分
6	合计		100	

第三部分　低压电工作业安全技术理论考试题目汇编

一、是非题

1. 单相 220 V 电源供电的电气设备,应选用三极式漏电保护装置。　　　（　　）
  A. 对　　　　　　　　　　B. 错

2. 短时运行的定额工作制用 S2 表示。　　　　　　　　　　　　　　（　　）
  A. 对　　　　　　　　　　B. 错

3. 因闻到焦臭味而停止运行的电动机,必须找出原因后才能再通电使用。　（　　）
  A. 对　　　　　　　　　　B. 错

4. 再生发电制动只用于电动机转速高于同步转速的场合。　　　　　　（　　）
  A. 对　　　　　　　　　　B. 错

5. 对电机轴承润滑的检查,可通电转动电动机转轴,看是否转动灵活,听有无异声。（　　）
  A. 对　　　　　　　　　　B. 错

6. 能耗制动这种方法是将转子的动能转化为电能,并消耗在转子回路的电阻上。（　　）
  A. 对　　　　　　　　　　B. 错

7. 在电气原理图中,当触点图形垂直放置时,以"左开右闭"原则绘制。　（　　）
  A. 对　　　　　　　　　　B. 错

8. 交流发电机是应用电磁感应的原理发电的。　　　　　　　　　　　（　　）
  A. 对　　　　　　　　　　B. 错

9. 在串联电路中,电路总电压等于各电阻的分电压之和。　　　　　　（　　）
  A. 对　　　　　　　　　　B. 错

10. 磁力线是一种闭合曲线。　　　　　　　　　　　　　　　　　　（　　）
  A. 对　　　　　　　　　　B. 错

11. 并联电路的总电压等于各支路电压之和。　　　　　　　　　　　（　　）
  A. 对　　　　　　　　　　B. 错

12. 交流电每交变一周所需的时间叫作周期。　　　　　　　　　　　（　　）
  A. 对　　　　　　　　　　B. 错

13. 在串联电路中,电流处处相等。　　　　　　　　　　　　　　　（　　）
  A. 对　　　　　　　　　　B. 错

14. 雷电可通过其他带电体或直接对人体放电,使人的身体遭到巨大的破坏直至死亡。

                  （　　）
  A. 对　　　　　　　　　　B. 错

15. 用避雷针、避雷带是防止雷电破坏电力设备的主要措施。　　　　（　　）
  A. 对　　　　　　　　　　B. 错

16. 导线的工作电压应大于其额定电压。　　　　　　　　　　　　　（　　）

A. 对   B. 错

17. 绝缘老化只是一种化学变化。   （   ）
    A. 对   B. 错

18. 在电压低于额定值的一定比例后能自动断电的称为欠压保护。   （   ）
    A. 对   B. 错

19. 绝缘体被击穿时的电压称为击穿电压。   （   ）
    A. 对   B. 错

20. 导线接头的抗拉强度必须与原导线的抗拉强度相同。   （   ）
    A. 对   B. 错

21. 使用手持式电动工具应当检查电源开关是否失灵、是否破损、是否牢固、接线是否松动。   （   ）
    A. 对   B. 错

22. Ⅱ类手持电动工具比Ⅰ类工具安全可靠。   （   ）
    A. 对   B. 错

23. 电工刀的手柄是无绝缘保护的,不能在带电导线或器材上剖切,以免触电。   （   ）
    A. 对   B. 错

24. 为安全起见,更换熔断器时,最好断开负载。   （   ）
    A. 对   B. 错

25. 漏电开关跳闸后,允许采用分路停电再送电的方式检查线路。   （   ）
    A. 对   B. 错

26. 为了有明显区别,并列安装的同型号开关应不同高度,错落有致。   （   ）
    A. 对   B. 错

27. 对于开关频繁的场所应采用白炽灯照明。   （   ）
    A. 对   B. 错

28. 低压验电器可以验出 500 V 以下的电压。   （   ）
    A. 对   B. 错

29. 挂登高板时,应钩口向外并且向上。   （   ）
    A. 对   B. 错

30. 在安全色标中用红色表示禁止、停止或消防。   （   ）
    A. 对   B. 错

31. 验电是保证电气作业安全的技术措施之一。   （   ）
    A. 对   B. 错

32. 特种作业人员必须年满 20 周岁,且不超过国家法定退休年龄。   （   ）
    A. 对   B. 错

33. 电工应做好用电人员在特殊场所作业的监护作业。   （   ）
    A. 对   B. 错

34. 有梅尼埃病的人不得从事电工作业。   （   ）
    A. 对   B. 错

35. 当电容器测量时万用表指针摆动后停止不动,说明电容器短路。   （   ）
    A. 对   B. 错

36. 如果电容器运行时,检查发现温度过高,应加强通风。　　　　　（　　）
　　A. 对　　　　　　　　　B. 错

37. 检查电容器时,只要检查电压是否符合要求即可。　　　　　（　　）
　　A. 对　　　　　　　　　B. 错

38. 摇表在使用前,无须先检查摇表是否完好,可直接对被测设备进行绝缘测量。　（　　）
　　A. 对　　　　　　　　　B. 错

39. 电流表的内阻越小越好。　　　　　　　　　　　　　　　（　　）
　　A. 对　　　　　　　　　B. 错

40. 钳形电流表可做成既能测交流电流,也能测量直流电流。　　　（　　）
　　A. 对　　　　　　　　　B. 错

41. 万用表使用后,转换开关可置于任意位置。　　　　　　　　（　　）
　　A. 对　　　　　　　　　B. 错

42. 工频电流比高频电流更容易引起皮肤灼伤。　　　　　　　　（　　）
　　A. 对　　　　　　　　　B. 错

43. 按照通过人体电流的大小,人体反应状态的不同,可将电流划分为感知电流、摆脱电流和室颤电流。　（　　）
　　A. 对　　　　　　　　　B. 错

44. 两相触电危险性比单相触电小。　　　　　　　　　　　　（　　）
　　A. 对　　　　　　　　　B. 错

45. 分断电流能力是各类刀开关的主要技术参数之一。　　　　　（　　）
　　A. 对　　　　　　　　　B. 错

46. 热继电器的双金属片是由一种热膨胀系数不同的金属材料碾压而成的。　（　　）
　　A. 对　　　　　　　　　B. 错

47. 目前我国生产的接触器额定电流一般大于或等于630 A。　　（　　）
　　A. 对　　　　　　　　　B. 错

48. 行程开关的作用是将机械行走的长度用电信号传出。　　　　（　　）
　　A. 对　　　　　　　　　B. 错

49. 安全可靠是对任何开关电器的基本要求。　　　　　　　　　（　　）
　　A. 对　　　　　　　　　B. 错

50. 交流接触器的额定电流,是在额定的工作条件下所决定的电流值。　（　　）
　　A. 对　　　　　　　　　B. 错

51. 自动切换电器是依靠本身参数的变化或外来信号而自动进行工作。　（　　）
　　A. 对　　　　　　　　　B. 错

52. 自动开关属于手动电器。　　　　　　　　　　　　　　　（　　）
　　A. 对　　　　　　　　　B. 错

53. 隔离开关是指承担接通和断开电流任务,将电路与电源隔开。　（　　）
　　A. 对　　　　　　　　　B. 错

54. 在高压线路发生火灾时,应采用有相应绝缘等级的绝缘工具,迅速拉开隔离开关切断电源,选择二氧化碳或者干粉灭火器进行灭火。　（　　）
　　A. 对　　　　　　　　　B. 错

55. 使用电气设备时,由于导线截面选择过小,当电流较大时也会因发热过大而引发火灾。　　　　　　　　　　　　　　　　　　　　　　　（　　）

　　　A. 对　　　　　　　　　　B. 错

56. 在有爆炸和火灾危险的场所,应尽量少用或不用携带式、移动式的电气设备。　（　　）

　　　A. 对　　　　　　　　　　B. 错

57. 带电作业时,严禁使用金属的直梯或折梯。　　　　　　　　　　　（　　）

　　　A. 对　　　　　　　　　　B. 错

58. 用绝缘棒进行带电操作时,可不戴绝缘手套。　　　　　　　　　（　　）

　　　A. 对　　　　　　　　　　B. 错

59. 从业人员在作业过程中,应当正确佩戴和使用劳动防护用品。　　　（　　）

　　　A. 对　　　　　　　　　　B. 错

60. 从事特种作业的人员必须按照国家有关规定经专门的安全作业培训、取得特种作业操作资格证书,方可上岗作业。　　　　　　　　　　　　　　　（　　）

　　　A. 对　　　　　　　　　　B. 错

61. 从业人员有获得安全生产教育和培训的权利。　　　　　　　　　（　　）

　　　A. 对　　　　　　　　　　B. 错

62. 配电装置前后左右操作维护的通道上应铺设绝缘垫,严禁在通道上堆放其他物品。　　　　　　　　　　　　　　　　　　　　　　　　　　（　　）

　　　A. 对　　　　　　　　　　B. 错

63. 对触电者进行心肺复苏时,触电者必须处于复苏体位。　　　　　　（　　）

　　　A. 对　　　　　　　　　　B. 错

64. 安全间距可分为线路间距、设备间距和检修间距。　　　　　　　（　　）

　　　A. 对　　　　　　　　　　B. 错

65. 万用电表是一种多用途、多量程仪表,它可以测量直流电流、直流电压、交流电压和电阻等。　　　　　　　　　　　　　　　　　　　　　（　　）

　　　A. 对　　　　　　　　　　B. 错

66. 互感是电磁感应现象的一种特殊形式。变压器、互感器就是利用互感原理而工作的电气设备。　　　　　　　　　　　　　　　　　　　　（　　）

　　　A. 对　　　　　　　　　　B. 错

67. 接地接零装置,必须保证电气设备和接地体及电网零干线之间的导电连续性,在接零系统的零线上,应安装开关和熔断器。　　　　　　　　　　　（　　）

　　　A. 对　　　　　　　　　　B. 错

68. 万用表测电阻时,先要进行欧姆调零,每更换一次倍率挡,都要进行"调零"。（　　）

　　　A. 对　　　　　　　　　　B. 错

69. 绝缘手套、安全带、升降板、竹(木)梯等电气安全用具试验周期为半年。　（　　）

　　　A. 对　　　　　　　　　　B. 错

70. 提高功率因数的人工补偿方法通常是在感性负载中串联适当容量的电容器。（　　）

　　　A. 对　　　　　　　　　　B. 错

71. RCD 后的中性线可以接地。　　　　　　　　　　　　　　　（　　）

　　　A. 对　　　　　　　　　　B. 错

72. 对于异步电动机,国家标准规定 3 kW 以下的电动机均采用三角形连接。　　　　(　　)

　　A. 对　　　　　　　　　　　B. 错

73. 对绕线型异步电机应经常检查电刷与集电环的接触及电刷的磨损、压力、火花等情况。

　　　　　　　　　　　　　　　　　　　　　　　　　　　　(　　)

　　A. 对　　　　　　　　　　　B. 错

74. 改变转子电阻调速这种方法只适用于绕线式异步电动机。　　　　　(　　)

　　A. 对　　　　　　　　　　　B. 错

75. 对电机各绕组的绝缘检查,如测出绝缘电阻不合格,不允许通电运行。　(　　)

　　A. 对　　　　　　　　　　　B. 错

76. 转子串频敏变阻器启动的转矩大,适合重载启动。　　　　　　　　(　　)

　　A. 对　　　　　　　　　　　B. 错

77. 使用改变磁极对数来调速的电机一般都是绕线型转子电动机。　　　(　　)

　　A. 对　　　　　　　　　　　B. 错

78. 电气安装接线图中,同一电器元件的各部分必须画在一起。　　　　(　　)

　　A. 对　　　　　　　　　　　B. 错

79. 在三相交流电路中,负载为星形接法时,其相电压等于三相电源的线电压。　(　　)

　　A. 对　　　　　　　　　　　B. 错

80. 同一电器元件的各部件分散地画在原理图中,必须按顺序标注文字符号。　(　　)

　　A. 对　　　　　　　　　　　B. 错

81. 右手定则是判定直导体做切割磁力线运动时所产生的感生电流方向。　(　　)

　　A. 对　　　　　　　　　　　B. 错

82. PN 结正向导通时,其内外电场方向一致。　　　　　　　　　　　(　　)

　　A. 对　　　　　　　　　　　B. 错

83. 导电性能介于导体和绝缘体之间的物体称为半导体。　　　　　　　(　　)

　　A. 对　　　　　　　　　　　B. 错

84. 220 V 的交流电压的最大值为 380 V。　　　　　　　　　　　　(　　)

　　A. 对　　　　　　　　　　　B. 错

85. 雷电按其传播方式可分为直击雷和感应雷两种。　　　　　　　　　(　　)

　　A. 对　　　　　　　　　　　B. 错

86. 电流和磁场密不可分,磁场总是伴随着电流而存在,而电流永远被磁场所包围。(　　)

　　A. 对　　　　　　　　　　　B. 错

87. 除独立避雷针之外,在接地电阻满足要求的前提下,防雷接地装置可以和其他接地装置

　　共用。　　　　　　　　　　　　　　　　　　　　　　　　(　　)

　　A. 对　　　　　　　　　　　B. 错

88. 对称的三相电源是由振幅相同、初相依次相差120°的正弦电源,连接组成的供电系统。

　　　　　　　　　　　　　　　　　　　　　　　　　　　　(　　)

　　A. 对　　　　　　　　　　　B. 错

89. 额定电压为 380 V 的熔断器可用在 220 V 的线路中。　　　　　　(　　)

　　A. 对　　　　　　　　　　　B. 错

90. 截面积较小的单股导线平接时可采用铰接法。　　　　　　　　　　(　　)

A. 对　　　　　　　　　B. 错

91. 对于容易产生静电的场所,应保持地面潮湿,或者铺设导电性能较好的地板。 （　　）
　　A. 对　　　　　　　　　B. 错

92. 在我国,超高压送电线路基本上是架空敷设。 （　　）
　　A. 对　　　　　　　　　B. 错

93. 雷电时,应禁止在屋外高空检修、试验和屋内验电等作业。 （　　）
　　A. 对　　　　　　　　　B. 错

94. 电工钳、电工刀、螺丝刀是常用的电工基本工具。 （　　）
　　A. 对　　　　　　　　　B. 错

95. 过载是指线路中的电流大于线路的计算电流或允许载流量。 （　　）
　　A. 对　　　　　　　　　B. 错

96. 漏电开关只有在有人触电时才会动作。 （　　）
　　A. 对　　　　　　　　　B. 错

97. 熔断器在所有电路中,都能起到过载保护。 （　　）
　　A. 对　　　　　　　　　B. 错

98. 铜线与铝线在需要时可以直接连接。 （　　）
　　A. 对　　　　　　　　　B. 错

99. 多用螺钉旋具的规格是以它的全长(手柄加旋杆)表示。 （　　）
　　A. 对　　　　　　　　　B. 错

100. 在没有用验电器验电前,线路应视为有电。 （　　）
　　A. 对　　　　　　　　　B. 错

101. 手持式电动工具接线可以随意加长。 （　　）
　　A. 对　　　　　　　　　B. 错

102. "止步,高压危险!"的标志牌的式样是白底、红边,有红色箭头。 （　　）
　　A. 对　　　　　　　　　B. 错

103. 移动电气设备可以参考手持电动工具的有关要求进行使用。 （　　）
　　A. 对　　　　　　　　　B. 错

104. 使用竹梯作业时,梯子放置与地面以50°左右为宜。 （　　）
　　A. 对　　　　　　　　　B. 错

105. 螺口灯头的台灯应采用三孔插座。 （　　）
　　A. 对　　　　　　　　　B. 错

106. 特种作业人员未经专门的安全作业培训,未取得相应资格,上岗作业导致事故的,应追究生产经营单位有关人员的责任。 （　　）
　　A. 对　　　　　　　　　B. 错

107. 为了安全可靠,所有开关均应同时控制相线和零线。 （　　）
　　A. 对　　　　　　　　　B. 错

108. 危险场所室内的吊灯与地面距离不小于3 m。 （　　）
　　A. 对　　　　　　　　　B. 错

109. 并联补偿电容器主要用在直流电路中。 （　　）
　　A. 对　　　　　　　　　B. 错

110. 测量交流电路的有功电能时,因是交流电,故其电压线圈、电流线圈和两个端可任意接在线路上。　　　　　　　　　　　　　　　　　　　　　　　(　)
　　　A. 对　　　　　　　　B. 错

111. 直流电流表可以用于交流电路测量。　　　　　　　　　　　　(　)
　　　A. 对　　　　　　　　B. 错

112. 在安全色标中用绿色表示安全、通过、允许、工作。　　　　　(　)
　　　A. 对　　　　　　　　B. 错

113. 电流的大小用电流表来测量,测量时将其并联在电路中。　　(　)
　　　A. 对　　　　　　　　B. 错

114. 测量电流时应把电流表串联在被测电路中。　　　　　　　　　(　)
　　　A. 对　　　　　　　　B. 错

115. 据部分省市统计,农村触电事故要少于城市的触电事故。　　(　)
　　　A. 对　　　　　　　　B. 错

116. 企业、事业单位的职工无特种作业操作证从事特种作业,属违章作业。　　(　)
　　　A. 对　　　　　　　　B. 错

117. 触电分为电击和电伤。　　　　　　　　　　　　　　　　　　　　(　)
　　　A. 对　　　　　　　　B. 错

118. 取得高级电工证的人员就可以从事电工作业。　　　　　　　　(　)
　　　A. 对　　　　　　　　B. 错

119. 根据使用场合,按钮可选的种类有开启式、防水式、防腐式、保护式等。　　(　)
　　　A. 对　　　　　　　　B. 错

120. 电容器的容量就是电容量。　　　　　　　　　　　　　　　　　(　)
　　　A. 对　　　　　　　　B. 错

121. 按钮的文字符号为 SB。　　　　　　　　　　　　　　　　　　　(　)
　　　A. 对　　　　　　　　B. 错

122. 漏电断路器在被保护电路中有漏电或有人触电时,零序电流互感器就产生感应电流,经放大使脱扣器动作,从而切断电路。　　　　　　　　　　　　(　)
　　　A. 对　　　　　　　　B. 错

123. 低压配电屏是按一定的接线方案将有关低压一、二次设备组装起来,每一个主电路方案对应一个或多个辅助方案,从而简化了工程设计。　　　　　(　)
　　　A. 对　　　　　　　　B. 错

124. 热继电器是利用双金属片受热弯曲而推动触点动作的一种保护电器,它主要用于线路的速断保护。　　　　　　　　　　　　　　　　　　　　　(　)
　　　A. 对　　　　　　　　B. 错

125. 刀开关在做隔离开关选用时,要求刀开关的额定电流要大于或等于线路实际的故障电流。　　　　　　　　　　　　　　　　　　　　　　　　(　)
　　　A. 对　　　　　　　　B. 错

126. 万用表在测量电阻时,指针指在刻度盘中间最准确。　　　　(　)
　　　A. 对　　　　　　　　B. 错

127. 当电气火灾发生时,如果无法切断电源,就只能带电灭火,并选择干粉或者二氧化碳灭

火器,尽量少用水基式灭火器。 （　　）

    A. 对　　　　　　　　　B. 错

128. 当电气火灾发生时首先应迅速切断电源,在无法切断电源的情况下,应迅速选择干粉、二氧化碳等不导电的灭火器材进行灭火。 （　　）

    A. 对　　　　　　　　　B. 错

129. 30 ~ 40 Hz 的电流危险性最大。 （　　）

    A. 对　　　　　　　　　B. 错

130. 旋转电器设备着火时不宜用干粉灭火器灭火。 （　　）

    A. 对　　　　　　　　　B. 错

131. 通电时间增加,人体电阻因出汗而增加,导致通过人体的电流减小。 （　　）

    A. 对　　　　　　　　　B. 错

132. 触电者神志不清,有心跳,但呼吸停止,应立即进行口对口人工呼吸。 （　　）

    A. 对　　　　　　　　　B. 错

133. 万能转换开关的定位结构一般采用滚轮卡转轴辐射型结构。 （　　）

    A. 对　　　　　　　　　B. 错

134. 热继电器的保护特性在保护电机时,应尽可能与电动机过载特性贴近。 （　　）

    A. 对　　　　　　　　　B. 错

135. 断路器在选用时,要求断路器的额定通断能力要大于或等于被保护线路中可能出现的最大负载电流。 （　　）

    A. 对　　　　　　　　　B. 错

136. 时间继电器的文字符号为 KT。 （　　）

    A. 对　　　　　　　　　B. 错

137. 热继电器的双金属片弯曲的速度与电流大小有关,电流越大,速度越快,这种特性称正比时限特性。 （　　）

    A. 对　　　　　　　　　B. 错

138. 低压断路器是一种重要的控制和保护电器,断路器都装有灭弧装置,因此可以安全地带负荷合、分闸。 （　　）

    A. 对　　　　　　　　　B. 错

139. 绝缘是利用绝缘物把带电体封闭起来,实现带电体相互之间良好的绝缘,保证设备和线路正常运行。 （　　）

    A. 对　　　　　　　　　B. 错

140. 配电室应有良好的通风和保证安全的可靠照明系统,室内照明电源开关应设在入口处。 （　　）

    A. 对　　　　　　　　　B. 错

141. 用钳形电流表进行电流测量时,被测导线的位置应放在钳口中央,以免产生误差。 （　　）

    A. 对　　　　　　　　　B. 错

142. 在低压线路上带电断开导线时,应先断开相线,后断开中性线。搭接时的顺序相反。 （　　）

    A. 对　　　　　　　　　B. 错

143.互感是电磁感应现象的特殊形式,变压器就是利用互感原理而工作的电气设备。

（　　）

  A. 对   B. 错

144.熔断器主要用作短路保护,在没有冲击负荷时,可兼作过载保护使用。（　　）

  A. 对   B. 错

145.插入式熔断器应垂直安装,所配熔丝的额定电流应不小于熔断器的额定电流。（　　）

  A. 对   B. 错

146.交流电的大小和方向是随时间做周期性变化的。（　　）

  A. 对   B. 错

147.螺旋式熔断器的电源线应接在底座的中心接线端子上,负载线接在螺纹壳的接线端子上。

（　　）

  A. 对   B. 错

148.采用低压不接地系统(IT)供电或用隔离变压器可以实现电气隔离,防止裸露导体故障
带电时的触电危险。（　　）

  A. 对   B. 错

149.发现起火后,首先要切断电源。剪断电线时,非同相电线应在相同部位剪断,以免造成
短路。（　　）

  A. 对   B. 错

150.保护接地的可靠性,无论在原理上还是实效上,上海地区采用的 TT 系统要比 IT 系统
好。（　　）

  A. 对   B. 错

151.线圈中磁通发生变化时,在线圈的两端会产生感应电动势,这种现象称为电磁感应。

（　　）

  A. 对   B. 错

152.根据电能的不同作用形式,可将电气事故分为触电事故、静电危害事故、雷电灾害事
故、电磁场危害和电气系统及设备故障危害事故等。（　　）

  A. 对   B. 错

153.双重绝缘是指电气设备可以采用除基本绝缘层之外另加一层独立的附加绝缘,共同组
合的电气设备。（　　）

  A. 对   B. 错

154.倒闸操作应由两人同时进行,一人操作、一人监护,特别重要和复杂的倒闸操作由电气
负责人监护。（　　）

  A. 对   B. 错

155.凡因绝缘损坏而有可能带有危险电压的电气设备或电气装置的金属外壳和框架,均应
可靠地接地或接零。（　　）

  A. 对   B. 错

156.TT 系统系指三相四线制在上海地区高压公用电网仍采用的供电系统。（　　）

  A. 对   B. 错

157.根据配电系统接地方式的不同,国际上把低压配电系统分为 TT、TN－C 和 TN－S 三种
形式。（　　）

A. 对　　　　　　B. 错

158. 磁极间存在的作用力称为磁力,表现为同性磁极相互吸引,异性磁极相互排斥。
（　　）
A. 对　　　　　　B. 错

159. 接地是消除绝缘体上静电的最简单的办法,一般只要接地电阻不大于 1 kΩ,静电的积聚就不会产生。（　　）
A. 对　　　　　　B. 错

160. 功率为 1 kW 的电气设备,在额定状态下使用 1 h 所消耗的电能为 1 度电。　（　　）
A. 对　　　　　　B. 错

161. 人工呼吸的目的是用人工的方法来替代肺脏的自主呼吸活动,使气体有节律地进入和排出肺脏,以供给体内足够的氧气,充分排出二氧化碳,维持正常的气体交换。（　　）
A. 对　　　　　　B. 错

162. 直接接触触电的防护技术措施主要有绝缘、屏护、间距及接地或接零等。　（　　）
A. 对　　　　　　B. 错

163. TN－S 系统在我国称为三相五线制系统。　（　　）
A. 对　　　　　　B. 错

164. 体外人工心脏按压法是通过有节律地对胸廓进行挤压,间接地压迫心脏,用人工的方法代替心脏自然收缩,从而维持血液循环。（　　）
A. 对　　　　　　B. 错

165. 安装在已接地或接零的机床、金属构架上的有可靠接触的电气设备可不接地或不接零。
（　　）
A. 对　　　　　　B. 错

166. 直接雷击有很大的破坏力,其破坏作用有电作用的破坏、热作用的破坏及机械作用的破坏。（　　）
A. 对　　　　　　B. 错

167. 携带型临时接地线是保护电工作业人员在工作时防止突然来电的有效措施。（　　）
A. 对　　　　　　B. 错

168. 禁止带负荷分合刀闸,送电时先合母线侧刀闸,再合线路侧刀闸,最后合上开关,停电操作的顺序相同。（　　）
A. 对　　　　　　B. 错

169. 在三相对称交流电路中,当负载作星形连接时,流过中性线的电流为零。　（　　）
A. 对　　　　　　B. 错

170. 单相二孔插座的接线规定是:面对插座的左孔或下孔接中性线;右孔或上孔接相线。
（　　）
A. 对　　　　　　B. 错

171. 电气设备在正常情况下,将不带电的金属外壳或构架等用导线与电源零线紧密连接,且零线应重复接地,所以这种接法叫作保护接地。（　　）
A. 对　　　　　　B. 错

172. 增湿就是提高空气的湿度。它的主要作用在于降低带静电绝缘体的表面电阻率,增强其表面导电性,提高泄漏的速度。（　　）

A. 对　　　　　　　　B. 错

173. 剩余电流动作保护装置主要用于 1000 V 以下的低压系统。　　　　　(　　)

　　　A. 对　　　　　　　　B. 错

174. 为改善电动机的启动及运行性能,笼形异步电动机转子铁芯一般采用直槽结构。

　　　　　　　　　　　　　　　　　　　　　　　　　　　　　　(　　)

　　　A. 对　　　　　　　　B. 错

175. 电机异常发响发热的同时,转速急速下降,应立即切断电源,停机检查。(　　)

　　　A. 对　　　　　　　　B. 错

176. 并联电路中各支路上的电流不一定相等。　　　　　　　　　　　　(　　)

　　　A. 对　　　　　　　　B. 错

177. 二极管只要工作在反向击穿区,一定会被击穿。　　　　　　　　　(　　)

　　　A. 对　　　　　　　　B. 错

178. 符号"A"表示交流电源。　　　　　　　　　　　　　　　　　　　(　　)

　　　A. 对　　　　　　　　B. 错

179. 吸收比是用兆欧表测定的。　　　　　　　　　　　　　　　　　　(　　)

　　　A. 对　　　　　　　　B. 错

180. 绝缘材料就是指绝对不导电的材料。　　　　　　　　　　　　　　(　　)

　　　A. 对　　　　　　　　B. 错

181. 移动电气设备电源应采用高强度铜芯橡皮护套硬绝缘电缆。　　　　(　　)

　　　A. 对　　　　　　　　B. 错

182. 用电笔验电时,应赤脚站立,保证与大地有良好的接触。　　　　　(　　)

　　　A. 对　　　　　　　　B. 错

183. 停电作业安全措施依据安全措施分为预见性措施和防护措施。　　　(　　)

　　　A. 对　　　　　　　　B. 错

184. 遮栏是为防止工作人员无意碰到带电设备部分而装设的屏护,分临时遮栏和常设遮栏
　　　两种。　　　　　　　　　　　　　　　　　　　　　　　　　　　(　　)

　　　A. 对　　　　　　　　B. 错

185. 常用绝缘安全防护用具有绝缘手套、绝缘靴、绝缘隔板、绝缘垫、绝缘站台等。(　　)

　　　A. 对　　　　　　　　B. 错

186. 《中华人民共和国安全生产法》第二十七条规定:生产经营单位的特种作业人员必须按
　　　照国家有关规定经专门的安全作业培训,取得相应资格,方可上岗作业。

　　　A. 对　　　　　　　　B. 错

187. 电工应严格按照操作规程进行作业。　　　　　　　　　　　　　　(　　)

　　　A. 对　　　　　　　　B. 错

188. 并联电容器有减少电压损失的作用。　　　　　　　　　　　　　　(　　)

　　　A. 对　　　　　　　　B. 错

189. 电容器室内应有良好的通风。　　　　　　　　　　　　　　　　　(　　)

　　　A. 对　　　　　　　　B. 错

190. 测量电机的对地绝缘电阻和相间绝缘电阻,常使用兆欧表,而不宜使用万用表。

　　　　　　　　　　　　　　　　　　　　　　　　　　　　　　(　　)

      A. 对   B. 错

191. 电压表内阻越大越好。   (   )
      A. 对   B. 错

192. 一般情况下,接地电网的单相触电比不接地的电网的危险性小。   (   )
      A. 对   B. 错

193. 触电事故是由电能以电流形式作用人体造成的事故。   (   )
      A. 对   B. 错

194. 从过载角度出发,规定了熔断器的额定电压。   (   )
      A. 对   B. 错

195. 在供配电系统和设备自动系统中,刀开关通常用于电源隔离。   (   )
      A. 对   B. 错

196. 接触器的文字符号为 KM。   (   )
      A. 对   B. 错

197. 在爆炸危险场所,应采用三相四线制、单相三线制方式供电。   (   )
      A. 对   B. 错

198. 将在故障情况下可能呈现危险对地电压的设备金属外壳或构架等与大地作可靠电气
     连接,称为保护接地。   (   )
      A. 对   B. 错

199. 载流导体在磁场中的受力方向可用右手定则来判定。   (   )
      A. 对   B. 错

200. 应当注意,不论是什么建筑物,对其屋角、屋脊和屋檐等易受雷击的突出部位都应装设
     避雷带。   (   )
      A. 对   B. 错

201. 配电装置在总开关之前必须有明显断开点,如安装隔离开关或熔断器,以满足安全工
     作要求。   (   )
      A. 对   B. 错

202. 三相对称负载无论做星形还是三角形连接,其三相有功功率的计算公式是相同的,即
     $P = 3U_{L}I_{L}\cos\varphi$。   (   )
      A. 对   B. 错

203. 间接接触触电的防护技术措施主要有漏电保护、接地或接零、屏护隔离、双重绝缘等。
                                                         (   )
      A. 对   B. 错

204. RCD 的选择,必须考虑用电设备和电路正常泄漏电流的影响。   (   )
      A. 对   B. 错

205. 异步电动机的转差率是旋转磁场的转速与电动机转速之差与旋转磁场的转速之比。
                                                         (   )
      A. 对   B. 错

206. 电气控制系统图包括电气原理图和电气安装图。   (   )
      A. 对   B. 错

207. 载流导体在磁场中一定受到磁场力的作用。   (   )

A. 对 　　　　　　B. 错

208. 正弦交流电的周期与角频率的关系是互为倒数的。 （ 　 ）
A. 对 　　　　　　B. 错

209. 规定小磁针的北极所指的方向是磁力线的方向。 （ 　 ）
A. 对 　　　　　　B. 错

210. 防雷装置应沿建筑物的外墙敷设,并经最短途径接地,如有特殊要求可以暗设。 （ 　 ）

A. 对 　　　　　　B. 错

211. 电缆保护层的作用是保护电缆。 （ 　 ）
A. 对 　　　　　　B. 错

212. 在带电维修线路时,应站在绝缘垫上。 （ 　 ）
A. 对 　　　　　　B. 错

213. 用电笔检查时,电笔发光就说明线路一定有电。 （ 　 ）
A. 对 　　　　　　B. 错

214. 高压水银灯的电压比较高,所以称为高压水银灯。 （ 　 ）
A. 对 　　　　　　B. 错

215. 并联电容器所接的线停电后,必须断开电容器组。 （ 　 ）
A. 对 　　　　　　B. 错

216. 电压表在测量时,量程要大于或等于被测线路电压。 （ 　 ）
A. 对 　　　　　　B. 错

217. 相同条件下,交流电比直流电对人体危害较大。 （ 　 ）
A. 对 　　　　　　B. 错

218. 熔断器的文字符号为 FU。 （ 　 ）
A. 对 　　　　　　B. 错

219. 频率的自动调节补偿是热继电器的一个功能。 （ 　 ）
A. 对 　　　　　　B. 错

220. 在设备运行中,发生起火的原因是电流热量是间接原因,而火花或电弧则是直接原因。 （ 　 ）

A. 对 　　　　　　B. 错

221. 从业人员有权拒绝违章作业指挥和强令冒险作业。 （ 　 ）
A. 对 　　　　　　B. 错

222. 增湿就是提高空气的湿度,在允许增湿的工作场所普遍采用这种方法消除静电的危害。 （ 　 ）

A. 对 　　　　　　B. 错

223. 导体在磁场中做切割磁力线运动时,产生感应电动势可用右手定则来判定。 （ 　 ）
A. 对 　　　　　　B. 错

224. 避雷针、避雷线、避雷网、避雷带是防护直击雷的主要措施。 （ 　 ）
A. 对 　　　　　　B. 错

225. 防雷装置由接闪器或避雷器、引下线和放电装置组成。 （ 　 ）
A. 对 　　　　　　B. 错

226. 电源的端电压随负载电流的增大而下降,电源内阻越大,端电压下降得越多。 （　　）
　　　A. 对　　　　　　　　B. 错

227. 在有爆炸粉尘混合物、氢气和乙炔等工作场所,工作人员应穿戴防静电工作服、工作鞋和手套。 （　　）
　　　A. 对　　　　　　　　B. 错

228. 导线在通过电流时会产生热量,如果负荷太大,导线将会过热,将使导线电阻减小。
　　　　　　　　　　　　　　　　　　　　　　　　　　　　　　　　（　　）
　　　A. 对　　　　　　　　B. 错

229. 拆除临时接地线的顺序是:先拆线路或设备端,后拆接地端。 （　　）
　　　A. 对　　　　　　　　B. 错

230. 三相异步电动机的转子导体中会形成电流,其电流方向可用右手定则判定。 （　　）
　　　A. 对　　　　　　　　B. 错

231. 用星－三角降压启动时,启动转矩为直接采用三角连接结时启动转矩的1/3。 （　　）
　　　A. 对　　　　　　　　B. 错

232. 交流电动机铭牌上的频率是此电机使用的交流电源的频率。 （　　）
　　　A. 对　　　　　　　　B. 错

233. 基尔霍夫第一定律是节点电流定律,是用来证明电路上各电流之间关系的定律。
　　　　　　　　　　　　　　　　　　　　　　　　　　　　　　　　（　　）
　　　A. 对　　　　　　　　B. 错

234. 当导体温度不变时,通过导体的电流与导体两端的电压成正比,与其电阻成反比。
　　　　　　　　　　　　　　　　　　　　　　　　　　　　　　　　（　　）
　　　A. 对　　　　　　　　B. 错

235. 导线连接后接头与绝缘层的距离越小越好。 （　　）
　　　A. 对　　　　　　　　B. 错

236. 黄绿双色的导线只能用于保护线。 （　　）
　　　A. 对　　　　　　　　B. 错

237. 电力线路敷设时严禁采用突然剪断导线的办法松线。 （　　）
　　　A. 对　　　　　　　　B. 错

238. Ⅱ类设备和Ⅲ类设备都要采取接地或接零措施。 （　　）
　　　A. 对　　　　　　　　B. 错

239. 剥线钳是用来处理小导线头部表面绝缘层的专用工具。 （　　）
　　　A. 对　　　　　　　　B. 错

240. 手持电动工具有两种分类方式,即按工作电压分类和按防潮程度分类。 （　　）
　　　A. 对　　　　　　　　B. 错

241. 可以用相线碰地线的方法检查地线是否接地良好。 （　　）
　　　A. 对　　　　　　　　B. 错

242. 当拉下总开关后,线路即视为无电。 （　　）
　　　A. 对　　　　　　　　B. 错

243. 在直流电路中,常用棕色表示正极。 （　　）
　　　A. 对　　　　　　　　B. 错

244. 电工特种作业人员应当具备高中或相当于高中以上文化程度。 （　　）
    A. 对　　　　　　　　　　B. 错

245. 电容器的放电负载不能装设熔断器或开关。 （　　）
    A. 对　　　　　　　　　　B. 错

246. 组合开关在选作直接控制电机时,要求其额定电流可取电动机额定电流的 2～3 倍。 （　　）
    A. 对　　　　　　　　　　B. 错

247. 胶壳开关不适合用于直接控制 5.5 kW 以上的交流电动机。 （　　）
    A. 对　　　　　　　　　　B. 错

248. 为了防止电气火花、电弧等引燃爆炸物,应选用防爆电气级别和温度组别与环境相适应的防爆电气设备。 （　　）
    A. 对　　　　　　　　　　B. 错

249. 电气设备缺陷,设计不合理,安装不当等都是引发火灾的重要原因。 （　　）
    A. 对　　　　　　　　　　B. 错

250. 登高作业高度超过 2 m 时,如果没有防护栏杆和安全网等措施,必须使用安全带或采取其他安全可靠的措施。 （　　）
    A. 对　　　　　　　　　　B. 错

251. 电工安全用具每次使用前,必须认真检查,如绝缘手套应检查有无划痕、裂纹、气泡等。 （　　）
    A. 对　　　　　　　　　　B. 错

252. 静电的最大危害是可能造成爆炸和火灾。 （　　）
    A. 对　　　　　　　　　　B. 错

253. 变压器连接组别用以表明变压器高低压侧线圈相电压的相位关系。 （　　）
    A. 对　　　　　　　　　　B. 错

254. 变配电设备应有完善的屏护装置。 （　　）
    A. 对　　　　　　　　　　B. 错

255. 电机在检修后,经各项检查合格后,就可对电机进行空载试验和短路试验。 （　　）
    A. 对　　　　　　　　　　B. 错

256. 导线连接时必须注意做好防腐措施。 （　　）
    A. 对　　　　　　　　　　B. 错

257. 路灯的各回路应有保护,每一灯具宜设单独熔断器。 （　　）
    A. 对　　　　　　　　　　B. 错

258. 验电器在使用前必须确认验电器良好。 （　　）
    A. 对　　　　　　　　　　B. 错

259. 接地线是为了在已停电的设备和线路上意外地出现电压时保证工作人员的重要工具。按规定,接地线必须是截面积 25 mm² 以上裸铜软线制成。 （　　）
    A. 对　　　　　　　　　　B. 错

260. 电工作业分为高压电工和低压电工。 （　　）
    A. 对　　　　　　　　　　B. 错

261. 当电容器爆炸时,应立即检查。 （　　）

A. 对　　　　　　　　B. 错

262. 用钳表测量电动机空转电流时,不需要挡位变换可直接进行测量。　　　(　　)
　　　A. 对　　　　　　　　B. 错

263. 脱离电源后,触电者神志清醒,应让触电者来回走动,加强血液循环。　　　(　　)
　　　A. 对　　　　　　　　B. 错

264. 断路器可分为框架式和塑料外壳式。　　　　　　　　　　　　　　　　(　　)
　　　A. 对　　　　　　　　B. 错

265. 对于在易燃、易爆、易灼烧及有静电发生的场所作业的工作人员,不可以发放和使用化纤防护用品。　　　　　　　　　　　　　　　　　　　　　　　(　　)
　　　A. 对　　　　　　　　B. 错

266. 三相交流电是由三个频率相同、幅值相等、相位上互成120°的单相正弦交流电组成。
　　　　　　　　　　　　　　　　　　　　　　　　　　　　　　　　　　　(　　)
　　　A. 对　　　　　　　　B. 错

267. 停电检修电气设备时,应在设备的开关和刀开关操作把手上悬挂"禁止合闸,线路有人工作"的标示牌。　　　　　　　　　　　　　　　　　　　　　　　(　　)
　　　A. 对　　　　　　　　B. 错

268. 防雷装置的外观检查主要包括:检查接闪器、引下线等各部分的连接是否牢固可靠,检查各部分的腐蚀和锈蚀情况。　　　　　　　　　　　　　　　　　(　　)
　　　A. 对　　　　　　　　B. 错

269. 电阻是反映导体对电流起阻碍作用大小的物理量。　　　　　　　　　　(　　)
　　　A. 对　　　　　　　　B. 错

270. 安全色是表达安全信息含义的颜色,国家标准规定有红、黄、蓝、绿四种。(　　)
　　　A. 对　　　　　　　　B. 错

271. 停电操作的顺序是:先停低压、后停高压;先分断断路器、后分断隔离开关(送电的顺序相同)。　　　　　　　　　　　　　　　　　　　　　　　　　(　　)
　　　A. 对　　　　　　　　B. 错

272. 在带电的作业过程中,如遇突然停电,作业人员应视设备或线路仍然有电。(　　)
　　　A. 对　　　　　　　　B. 错

273. 重复接地的设置与保护接地的设置基本相同,由接地体和接地线组成。　(　　)
　　　A. 对　　　　　　　　B. 错

274. 机关、学校、企业、住宅等建筑物内的插座回路不需要安装漏电保护装置。(　　)
　　　A. 对　　　　　　　　B. 错

275. 对于转子有绕组的电动机,将外电阻串入转子电路中启动,并随电机转速升高而逐渐地将电阻值减小并最终切除。　　　　　　　　　　　　　　　　　(　　)
　　　A. 对　　　　　　　　B. 错

276. 电气原理图中的所有元件均按未通电状态或无外力作用时的状态画出。(　　)
　　　A. 对　　　　　　　　B. 错

277. 我国正弦交流电的频率为 50 Hz。　　　　　　　　　　　　　　　　　(　　)
　　　A. 对　　　　　　　　B. 错

278. 不同电压的插座应有明显区别。　　　　　　　　　　　　　　　　　　(　　)

A. 对　　　　　　　　B. 错

279. 补偿电容器的容量越大越好。　　　　　　　　　　　　　　　　　（　　　）

A. 对　　　　　　　　B. 错

280. 用万用表 R×1kΩ 欧姆挡测量二极管时,红表笔接一只脚,黑表笔接另一只脚测得的电阻值为几百欧姆,反向测量时电阻值很大,则该二极管是好的。　　（　　　）

A. 对　　　　　　　　B. 错

281. 电压的大小用电压表来测量,测量时将其串联在电路中。　　　　　（　　　）

A. 对　　　　　　　　B. 错

282. 交流钳形电流表可测量交直流电流。　　　　　　　　　　　　　　（　　　）

A. 对　　　　　　　　B. 错

283. 自动空气开关具有过载、短路和欠电压保护。　　　　　　　　　　（　　　）

A. 对　　　　　　　　B. 错

284. 中间继电器的动作值与释放值可调节。　　　　　　　　　　　　　（　　　）

A. 对　　　　　　　　B. 错

285. 熔断器的特性是通过熔体的电压值越高,熔断时间越短。　　　　　（　　　）

A. 对　　　　　　　　B. 错

286. 在实际交流电路中,电动机、日光灯、白炽灯及接触器属于感性负载。（　　　）

A. 对　　　　　　　　B. 错

287. 避雷针在地面上的保护半径为避雷针高度的 1.5 倍。　　　　　　　（　　　）

A. 对　　　　　　　　B. 错

288. 电压的方向规定为高电位点指向低电位点,与外电路中的电流方向相反。（　　　）

A. 对　　　　　　　　B. 错

289. 简单的直流电路一般由电源、负载、控制电器和连接导线等组成。　（　　　）

A. 对　　　　　　　　B. 错

290. 保护接零适用于中性点直接接地的配电系统中。　　　　　　　　　（　　　）

A. 对　　　　　　　　B. 错

291. 无论在任何情况下,三极管都具有电流放大功能。　　　　　　　　（　　　）

A. 对　　　　　　　　B. 错

292. 雷雨天气,即使在室内也不要修理家中的电气线路、开关、插座等。如果一定要修,要把家中电源总开关拉开。　　　　　　　　　　　　　　（　　　）

A. 对　　　　　　　　B. 错

293. 在选择导线时必须考虑线路投资,但导线截面积不能太小。　　　　（　　　）

A. 对　　　　　　　　B. 错

294. 日光灯点亮后,镇流器起降压限流作用。　　　　　　　　　　　　（　　　）

A. 对　　　　　　　　B. 错

295. 白炽灯属热辐射光源。　　　　　　　　　　　　　　　　　　　　（　　　）

A. 对　　　　　　　　B. 错

296. 电容器放电的方法就是将其两端用导线连接。　　　　　　　　　　（　　　）

A. 对　　　　　　　　B. 错

297. 中间继电器实际上是一种动作与释放值可调节的电压继电器。　　　（　　　）

A. 对   B. 错

298. 可以利用的自然接地体有：与大地有可靠连接的金属自来水管道、建筑物和构筑物的金属结构物等。 （　　）

     A. 对   B. 错

299. 为防止静电产生，可以采用接地、泄漏及静电中和法等措施。 （　　）

     A. 对   B. 错

300. 保护接地和保护接零是防止间接接触触电事故的基本安全技术措施。 （　　）

     A. 对   B. 错

301. 用水枪带电灭火时适宜采用喷雾水枪，如用普通直流水枪灭火时，可将水枪喷嘴接地，也可让灭火人员穿戴绝缘手套和绝缘靴或穿戴均压服工作。 （　　）

     A. 对   B. 错

302. 三相电动机的转子和定子要同时通电才能工作。 （　　）

     A. 对   B. 错

303. 欧姆定律指出，在一个闭合电路中，当导体温度不变时，通过导体的电流与加在导体两端的电压成反比，与其电阻成正比。 （　　）

     A. 对   B. 错

304. 改革开放前我国强调以铝代铜做导线，以减轻导线的质量。 （　　）

     A. 对   B. 错

305. 水和金属比较，水的导电性能更好。 （　　）

     A. 对   B. 错

306. Ⅲ类电动工具的工作电压不超过 50 V。 （　　）

     A. 对   B. 错

307. 使用万用表电阻挡能够测量变压器的线圈电阻。 （　　）

     A. 对   B. 错

308. 接地电阻表主要由手摇发电机、电流互感器、电位器及检流计组成。 （　　）

     A. 对   B. 错

309. 交流电流表和电压表测量所测得的值都是有效值。 （　　）

     A. 对   B. 错

310. 熔体的额定电流不可大于熔断器的额定电流。 （　　）

     A. 对   B. 错

311. 在采用多级熔断器保护中，后级熔体的额定电流比前级大，以电源端为最前端。

（　　）

     A. 对   B. 错

312. 低压配电装置的巡视检查周期一般应每班一次；无人值班至少应每月一次。 （　　）

     A. 对   B. 错

313. 同一电网根据具体情况，电力装置可采用保护接零，照明装置应采用保护接地。

（　　）

     A. 对   B. 错

314. 接地干线或接零干线至少有两处同接地体相连，以提高可靠性。 （　　）

     A. 对   B. 错

315.电解电容器的电工符号如图所示。╫　　　　　　　　　　（　　）

    A.对　　　　　　　　B.错

316.事故照明不允许和其他照明共用同一线路。　　　　　　（　　）

    A.对　　　　　　　　B.错

317.使用脚扣进行登杆作业时,上、下杆的每一步必须使脚扣环完全套入并可靠地扣住电

    杆,才能移动身体,否则会造成事故。　　　　　　　　　　（　　）

    A.对　　　　　　　　B.错

318.特种作业操作证每1年由考核发证部门复审1次。　　　（　　）

    A.对　　　　　　　　B.错

319.接地电阻测试仪就是测量线路的绝缘电阻的仪器。　　　（　　）

    A.对　　　　　　　　B.错

320.铁壳开关安装时外壳必须可靠接地。　　　　　　　　　（　　）

    A.对　　　　　　　　B.错

321.在带电灭火时,如果用喷雾水枪应将水枪喷嘴接地,并穿上绝缘靴和戴上绝缘手套,才

    可进行灭火操作。　　　　　　　　　　　　　　　　　　（　　）

    A.对　　　　　　　　B.错

322.电工严禁无证操作,做到持证上岗,定期复训是确保安全工作的一个重要方面。

    　　　　　　　　　　　　　　　　　　　　　　　　　　（　　）

    A.对　　　　　　　　B.错

323.避雷装置的外观检查主要包括检查接闪器、引下线等各部分腐蚀和锈蚀情况,若腐蚀

    和锈蚀超过50%,应予更换。　　　　　　　　　　　　　（　　）

    A.对　　　　　　　　B.错

324.低压绝缘材料的耐压等级一般为500 V。　　　　　　　（　　）

    A.对　　　　　　　　B.错

325.接了漏电开关之后,设备外壳就不需要再接地或接零了。　（　　）

    A.对　　　　　　　　B.错

326.民用住宅严禁装设床头开关。　　　　　　　　　　　　　（　　）

    A.对　　　　　　　　B.错

327.概率为50%时,成年男性的平均感知电流值约为1.1 mA,最小为0.5 mA,成年女性约

    为0.6 mA。　　　　　　　　　　　　　　　　　　　　　（　　）

    A.对　　　　　　　　B.错

328.交流接触器常见的额定最高工作电压达到6 000 V。　　　（　　）

    A.对　　　　　　　　B.错

329.用绝缘电阻表测量绝缘电阻,测量前应将被测量设备的电源切断,并进行短路放电,以

    确保安全。　　　　　　　　　　　　　　　　　　　　　（　　）

    A.对　　　　　　　　B.错

330.线圈自感现象的存在,会造成过电压,使它本身和其他电器受到危害。　（　　）

    A.对　　　　　　　　B.错

331.二氧化碳灭火器带电灭火只适用于600 V以下的线路,对于10 kV或者35 kV线路,如

    要带电灭火只能选择干粉灭火器。　　　　　　　　　　　（　　）

A. 对　　　　　　　B. 错

332. 几个电阻并联后的总电阻等于各并联电阻的倒数之和。　　　　　（　　）
A. 对　　　　　　　B. 错

333. 在三相交流电路中,负载为三角形接法时,其相电压等于三相电源的线电压。（　　）
A. 对　　　　　　　B. 错

334. 为了安全,高压线路通常采用绝缘导线。　　　　　　　　　　　（　　）
A. 对　　　　　　　B. 错

335. 试验对地电压为 50 V 以上的带电设备时,氖泡式低压验电器就应显示有电。（　　）
A. 对　　　　　　　B. 错

336. 电度表是专门用来测量设备功率的装置。　　　　　　　　　　　（　　）
A. 对　　　　　　　B. 错

337. 通用继电器是可以更换不同性质的线圈,从而将其制成各种继电器。（　　）
A. 对　　　　　　　B. 错

338. 低压配电室保持五防三通,即防火、防水、防漏、防雨雪、防小动物,通风良好、道路畅通、通信正常。　　　　　　　　　　　　　　　　　　　　（　　）
A. 对　　　　　　　B. 错

339. 电流的刺激作用对心脏影响最大,常会引起心室纤维性颤动,导致心跳停止而死亡。
（　　）
A. 对　　　　　　　B. 错

340. 用钳表测量电动机空转电流时,可直接用小电流挡一次测量出来。　（　　）
A. 对　　　　　　　B. 错

341. 为保证零线安全,三相四线的零线必须加装熔断器。　　　　　　（　　）
A. 对　　　　　　　B. 错

342. 锡焊晶体管等弱电元件应用 100 W 的电烙铁。　　　　　　　　（　　）
A. 对　　　　　　　B. 错

343. 一号电工刀比二号电工刀的刀柄长度长。　　　　　　　　　　　（　　）
A. 对　　　　　　　B. 错

344. 电动式时间继电器的延时不受电源电压波动及环境温度变化的影响。（　　）
A. 对　　　　　　　B. 错

345. 组合开关可直接启动 5 kW 以下的电动机。　　　　　　　　　　（　　）
A. 对　　　　　　　B. 错

346. 配电支路送电时立即跳闸,应查清原因后再试送,以免扩大事故。（　　）
A. 对　　　　　　　B. 错

347. 导线接头位置应尽量在绝缘子固定处,以方便统一扎线。　　　　（　　）
A. 对　　　　　　　B. 错

348. 电子镇流器的功率因数高于电感式镇流器。　　　　　　　　　　（　　）
A. 对　　　　　　　B. 错

349. 电容器室内要有良好的天然采光。　　　　　　　　　　　　　　（　　）
A. 对　　　　　　　B. 错

350. 电动势的正方向规定为从低电位指向高电位,所以测量时电压表应正极接电源负极、

而电压表负极接电源的正极。 （ ）

    A. 对   B. 错

351. 使用兆欧表前不必切断被测设备的电源。 （ ）

    A. 对   B. 错

352. 用钳表测量电流时,尽量将导线置于钳口铁芯中间,以减少测量误差。 （ ）

    A. 对   B. 错

353. 吊灯安装在桌子上方时,与桌子的垂直距离不小于 1.5 m。 （ ）

    A. 对   B. 错

354. 绝缘棒在闭合或拉开高压隔离开关和跌落式熔断器,装拆携带式接地线,以及进行辅助测量和试验使用。 （ ）

    A. 对   B. 错

355. 使用万用表测量电阻,每换一次欧姆挡都要进行欧姆调零。 （ ）

    A. 对   B. 错

356. 带电机的设备,在电机通电前要检查电机的辅助设备和安装底座、接地等,正常后再通电使用。 （ ）

    A. 对   B. 错

357. 在断电之后,电动机停转,当电网再次来电,电动机能自行启动的运行方式称为失压保护。 （ ）

    A. 对   B. 错

358. 日常电气设备的维护和保养应由设备管理人员负责。 （ ）

    A. 对   B. 错

359. 根据用电性质,电力线路可分为动力线路和配电线路。 （ ）

    A. 对   B. 错

360. 绝缘电阻表在测量前先进行一次开路和短路试验。 （ ）

    A. 对   B. 错

361. 当灯具达不到最小高度时,应采用 24 V 以下电压。 （ ）

    A. 对   B. 错

362. 电机运行时发出沉闷声是电机在正常运行的声音。 （ ）

    A. 对   B. 错

363. 幼儿园及小学等儿童活动场所插座安装高度不宜小于 1.8 m。 （ ）

    A. 对   B. 错

364. 摇测大容量设备吸收比是测量(60 s)时的绝缘电阻与(15 s)时的绝缘电阻之比。 （ ）

    A. 对   B. 错

365. 电机在正常运行时,如闻到焦臭味,则说明电动机速度过快。 （ ）

    A. 对   B. 错

二、单项选择题

1. 电机在运行时,要通过( )、看、闻等方法及时监视电动机。

    A. 记录   B. 听   C. 吹风

2. ( )的电机,在通电前,必须先做各绕组的绝缘电阻检查,合格后才可通电。

A. 一直在用,停止没超过一天

B. 不常用,但电机刚停止不超过一天

C. 新装或未用过的

3. 在对 380 V 电机各绕组的绝缘检查中,发现绝缘电阻( ),则可初步判定为电动机受潮所致,应对电机进行烘干处理。

    A. 小于 10 mΩ   B. 大于 0.5 mΩ   C. 小于 0.5 mΩ

4. 单极型半导体器件是( )。

    A. 二极管   B. 双极性二极管   C. 场效应管

5. 电动势的方向是( )。

    A. 从负极指向正极   B. 从正极指向负极   C. 与电压方向相同

6. 在生产过程中,静电对人体、设备、产品都是有害的,要消除或减弱静电,可使用喷雾增湿剂,这样做的目的是( )。

    A. 使静电荷通过空气泄漏

    B. 使静电荷向四周散发泄漏

    C. 使静电沿绝缘体表面泄漏

7. 在铝绞线中加入钢芯的作用是( )。

    A. 提高导电能力   B. 增大导线面积   C. 提高机械强度

8. 我们平时称的瓷瓶,在电工专业中称为( )。

    A. 绝缘瓶   B. 隔离体   C. 绝缘子

9. 固定电源或移动式发电机供电的移动式机械设备,应与供电电源的( )有金属性的可靠连接。

    A. 外壳   B. 零线   C. 接地装置

10. 使用剥线钳时应选用比导线直径( )的刃口。

    A. 相同   B. 稍大   C. 较大

11. 在易燃易爆场所使用的照明灯具应采用( )灯具。

    A. 防爆型   B. 防潮型   C. 普通型

12. ( )是登杆作业时必备的保护用具,无论用登高板或脚扣都要用其配合使用。

    A. 安全带   B. 梯子   C. 手套

13. "禁止攀登,高压危险!"的标志牌应制作为( )。

    A. 白底红字   B. 红底白字   C. 白底红边黑字

14. 生产经营单位的主要负责人在本单位发生重大生产安全事故后逃匿的,由( )处 15 日以下拘留。

    A. 公安机关   B. 检察机关   C. 安全生产监督管理局

15. 为了检查可以短时停电,在触及电容器前必须( )。

    A. 充分放电   B. 长时间停电   C. 冷却之后

16. 选择电压表时,其内阻( )被测负载的电阻为好。

    A. 远小于   B. 远大于   C. 等于

17. ( )仪表可直接用于交、直流测量,且精确度高。

    A. 磁电式   B. 电磁式   C. 电动式

18. 一般情况下 220 V 工频电压作用下人体的电阻为( )。

　　　A. 500~1 000　　　　　　B. 800~1 600　　　　C. 1 000~2 000

19. 低压电器按其动作方式又可分为自动切换电器和(　　)电器。
　　　A. 非自动切换　　　　　B. 非电动　　　　　　C. 非机械

20. 正确选用电器应遵循的两个基本原则是安全原则和(　　)原则。
　　　A. 性能　　　　　　　　B. 经济　　　　　　　C. 功能

21. 电业安全工作规程上规定,对地电压为(　　)V 及以下的设备为低压设备。
　　　A. 400　　　　　　　　B. 380　　　　　　　　C. 250

22. 属于配电电器的有(　　)。
　　　A. 接触器　　　　　　　B. 熔断器　　　　　　C. 电阻器

23. 用喷雾水枪可带电灭火,但为安全起见,灭火人员要戴绝缘手套,穿绝缘靴,还要求水枪
头(　　)。
　　　A. 接地　　　　　　　　B. 必须是塑料制成的　　C. 不能是金属制成的

24. 在易燃、易爆危险场所,电气设备应安装(　　)的电气设备。
　　　A. 安全电压　　　　　　B. 密封性好　　　　　　C. 防爆型

25. 防雷装置外观检查,包括检查各部分腐蚀和锈蚀情况,若腐蚀和锈蚀超过(　　)以上时
应予更换。
　　　A. 20%　　　　　　　　B. 30%　　　　　　　　C. 40%

26. 提高感性电路功率因素的方法是将电力电容器与感性负载(　　)。
　　　A. 串联　　　　　　　　B. 并联　　　　　　　C. 混联

27. 灯具灯泡的功率在(　　)时,应采用瓷质灯头。
　　　A. 60 W 及以上　　　　B. 100 W 及以上　　　C. 200 W 及以上

28. 火灾发生后由于受潮或烟熏,开关设备绝缘能力降低。因此拉闸操作时应尽可能使用
(　　)。
　　　A. 劳防用品　　　　　　B. 绝缘工具　　　　　　C. 穿绝缘鞋

29. 单支避雷针的保护角度为(　　)。
　　　A. 25°　　　　　　　　B. 45°　　　　　　　　C. 90°

30. 消除导体上静电的最简单方法是(　　)。
　　　A. 接地　　　　　　　　B. 泄漏　　　　　　　C. 中和

31. 异步电动机在启动瞬间,转子绕组中感应的电流很大,使定子流过的启动电流也很大,
为额定电流的(　　)倍。
　　　A. 2　　　　　　　　　B. 4~7　　　　　　　C. 9~10

32. 三相对称负载接成星形时,三相总电流(　　)。
　　　A. 等于零
　　　B. 等于其中一相电流的三倍
　　　C. 等于其中一相的电流

33. 确定正弦量的三要素为(　　)。
　　　A. 相位、初相位、相位差　　B. 最大值、频率、初相角　　C. 周期、频率、角频率

34. 下图的电工元件符号中属于电容器电工符号的是(　　)。
　　　A.　　　　　　　　　B.　　　　　　　　C.

35. 导线接头的机械强度不小于原导线机械强度的(   )%。
    A. 80   B. 90   C. 95

36. 低压断路器也称为(   )。
    A. 闸刀   B. 总开关   C. 自动空气开关

37. 螺丝刀的规格是以柄部外面的杆身长度和(   )表示的。
    A. 半径   B. 厚度   C. 直径

38. 碘钨灯属于(   )光源。
    A. 气体放电   B. 电弧   C. 热辐射

39. 绝缘安全用具分为(   )安全用具和辅助安全用具。
    A. 直接   B. 间接   C. 基本

40. 登杆前,应对脚扣进行(   )。
    A. 人体静载荷试验   B. 人体载荷冲击试验   C. 人体载荷拉伸试验

41. (   )仪表可直接用于交、直流测量,但精确度低。
    A. 磁电式   B. 电磁式   C. 电动式

42. 万用表实质是一个带有整流器的(   )仪表。
    A. 磁电式   B. 电磁式   C. 电动式

43. 人体直接接触带电设备或线路中的一相时,电流通过人体流入大地,这种触电现象称为
    (   )触电。
    A. 单相   B. 两相   C. 三相

44. 某四极电动机的转速为 1 440 r/min,则这台电动机的转差率为(   )%。
    A. 2   B. 4   C. 6

45. 断路器是通过手动或电动等操作机构使断路器合闸,通过(   )装置使断路器自动跳
    闸,达到故障保护目的。
    A. 自动   B. 活动   C. 脱扣

46. 利用(   )来降低加在定子三相绕组上的电压的启动叫自耦降压启动。
    A. 自耦变压器   B. 变敏变压器   C. 电磁器

47. 交流接触器的机械寿命是指在不带负载的操作次数,一般达(   )。
    A. 10 万次一下   B. 600 万 ~ 1 000 万次   C. 10 000 万次以上

48. 电磁力的大小与导体的有效长度成(   )。
    A. 正比   B. 反比   C. 不变

49. 当电气火灾发生时,应首先切断电源再灭火,但当电源无法切断时,只能带电灭火,500 V
    低压配电柜灭火可选用的灭火器是(   )。
    A. 二氧化碳灭火器   B. 泡沫灭火器   C. 水基式灭火器

50. 稳压二极管的正常工作状态是(   )。
    A. 导通状态   B. 截止状态   C. 反向击穿状态

51. 热继电器的整定电流为电动机额定电流的(   )%。
    A. 100   B. 120   C. 130

52. 低压线路中的零线采用的颜色是(   )。
    A. 深蓝色   B. 淡蓝色   C. 黄绿双色

53. 手持电动工具按触电保护方式分为(   )类。

A. 2　　　　　　　　B. 3　　　　　　　　C. 4

54. 锡焊晶体管等弱电元件应用(　　)W 的电烙铁为宜。
A. 25　　　　　　　　B. 75　　　　　　　C. 100

55. 一般照明的电源优先选用(　　)V。
A. 220　　　　　　　B. 380　　　　　　　C. 36

56. 绝缘手套属于(　　)安全用具。
A. 直接　　　　　　　B. 辅助　　　　　　C. 基本

57. 特种作业人员在操作证有效期内,连续从事本工种 10 年以上,无违法行为,经考核发证机关同意,操作证复审时间可延长至(　　)年。
A. 4　　　　　　　　B. 6　　　　　　　　C. 10

58. 电容器在用万用表检查时指针摆动后应该(　　)。
A. 保持不动　　　　B. 逐渐回摆　　　　C. 来回摆动

59. (　　)仪表由固定的线圈,可转动的铁芯及转轴、游丝、指针、机械调零机构等组成。
A. 磁电式　　　　　B. 电磁式　　　　　C. 感应式

60. 万用表由表头、(　　)及转换开关三个主要部分组成。
A. 测量电路　　　　B. 线圈　　　　　　C. 指针

61. 如果触电者心跳停止,有呼吸,应立即对触电者施行(　　)急救。
A. 仰卧压胸法　　　B. 胸外心脏按压法　　C. 俯卧压背法

62. 断路器的选用,应先确定断路器的(　　),然后再进行具体参数的确定。
A. 类型　　　　　　B. 额定电流　　　　C. 额定电压

63. 在民用建筑物的配电系统中,一般采用(　　)断路器。
A. 框架式　　　　　B. 电动式　　　　　C. 漏电保护

64. 熔断器的保护特性又称为(　　)。
A. 灭弧特性　　　　B. 安秒特性　　　　C. 时间性

65. 铁壳开关在做控制电机启动和停止时,要求额定电流要大于或等于(　　)倍电动机额定电流。
A. 一　　　　　　　B. 两　　　　　　　C. 三

66. 在易燃、易爆危险场所,供电线路应采用(　　)方式供电。
A. 单相三线制,三相四线制
B. 单相三线制,三相五线制
C. 单相两线制,三相五线制

67. 电离防雷装置与传统避雷针的防雷原理是(　　)的。
A. 完全相同　　　　B. 完全不同　　　　C. 基本相同

68. 接地可以降低雷电侵入波的陡度,独立接地装置的接地电阻应不大于
A. 4 Ω　　　　　　B. 10～30 Ω　　　　C. 40 Ω

69. 为了提高测量的精度,合理选择仪表的量程,使指针在表面刻度
A. 1/2 以上　　　　B. 1/3 以上　　　　C. 2/3 以上

70. 停电检修在开关柜间隔内挂上临时接地线后,应悬挂何种文字的标示牌(　　)。
A. "已接地"　　　B. "禁止合闸,有人工作"　　C. "禁止合闸,线路有人工作"

71. 电路在工作时有三种状态:通路状态、断路状态和(　　)。

A. 开路状态　　　　　　B. 短路状态　　　　　　C. 工作状态

72. 用水枪带电灭火时适宜采用(　　)。
    A. 喷雾水枪　　　　　　B. 普通直流水枪　　　　C. 任意选择

73. 使用绝缘电阻表测量时,摇动手柄的速度由慢变快,并保持在(　　)。
    A. 60 r/min　　　　　　B. 120 r/min　　　　　　C. 180 r/min

74. 低压验电器也就是我们平时所称的电笔,它只能检测不超过多大的电压(　　)。
    A. 500 V　　　　　　　B. 800 V　　　　　　　　C. 1 000 V

75. 紧贴于平面的日光灯,灯架内的镇流器应有适当的(　　)。
    A. 密封装置　　　　　　B. 散热条件　　　　　　C. 保护装置

76. 电气火灾后,剪断空中电线时,剪断位置应选择在(　　)。
    A. 靠近支持物电源侧　　B. 靠近支持物中间侧　　C. 靠近支持物负载侧

77. 安全标志的另一种形式是安全标志牌,常用的安全用电标志牌有:禁止合闸有人工作,止步高压危险(　　)。
    A. 禁止靠近　　　　　　B. 从此上下　　　　　　C. 当心触电

78. 安全生产法规的特征,具有(　　)。
    A. 先进性　　　　　　　B. 合法性　　　　　　　C. 强制性

79. 电动工具电源应采用橡胶护套软电缆,长度不宜超过(　　)。
    A. 2 m　　　　　　　　B. 3 m　　　　　　　　　C. 5 m

80. 从事特种作业的人员,经专门的培训和考核,取得(　　)证后,方可上岗作业。
    A. 上岗证　　　　　　　B. 技能证　　　　　　　C. 特种作业人员操作证

81. 在普通环境下工作的电动机一般可选用(　　)。
    A. 开启式　　　　　　　B. 防护式　　　　　　　C. 封闭式

82. 绝缘杆使用时应穿戴相应电压等级的绝缘手套、绝缘靴,手握部位不得超过(　　)。
    A. 短路环　　　　　　　B. 保护环　　　　　　　C. 隔离环

83. 频敏变阻器其构造与三相电抗相似,即由三个铁芯柱和(　　)绕组组成。
    A. 一个　　　　　　　　B. 两个　　　　　　　　C. 三个

84. 笼形异步电动机常用的降压启动有(　　)启动、自耦变压器降压启动、星-三角降压启动。
    A. 转子串电阻　　　　　B. 串电阻降压　　　　　C. 转子串频敏

85. 对电机内部的脏物及灰尘清理,应用(　　)。
    A. 湿布抹擦
    B. 布上沾汽油、煤油等抹擦
    C. 用压缩空气吹或用干布抹擦

86. 安培定则也叫(　　)。
    A. 左手定则　　　　　　B. 右手定则　　　　　　C. 右手螺旋法则

87. 接闪线属于避雷装置中的一种,它主要用来保护(　　)。
    A. 变配电设备　　　　　B. 房顶较大面积建筑物　C. 高压输电线路

88. 更换熔体时,原则上新熔体与旧熔体的规格要(　　)。
    A. 不同　　　　　　　　B. 相同　　　　　　　　C. 更新

89. Ⅱ类手持电动工具是带有(　　)绝缘的设备。

A. 基本　　　　　　　　B. 防护　　　　　　　　C. 双重

90. 下列灯具中功率因数最高的是(　　　)。

A. 白炽灯　　　　　　　B. 节能灯　　　　　　　C. 日光灯

91. (　　　)是保证电气作业安全的技术措施之一。

A. 工作票制度　　　　　B. 验电　　　　　　　　C. 工作许可制度

92. 下列(　　　)是保证电气作业安全的组织措施。

A. 工作许可制度　　　　B. 停电　　　　　　　　C. 悬挂接地线

93. 接地线应用多股软裸铜线,其截面积不得小于(　　　)m²。

A. 6　　　　　　　　　　B. 10　　　　　　　　　C. 25

94. 钳形电流表由电流互感器和带(　　　)的磁电式表头组成。

A. 测量电路　　　　　　B. 整流装置　　　　　　C. 指针

95. 万用表电压量程 2.5 V 是当指针指在(　　　)位置时电压值为 2.5 V。

A. 1/2 量程　　　　　　B. 满量程　　　　　　　C. 2/3 量程

96. 当电气设备发生接地故障,接地电流通过接地体向大地流散,若人在接地短路点周围行走,其两脚间的电位差引起的触电叫(　　　)触电。

A. 单相　　　　　　　　B. 跨步电压　　　　　　C. 感应电

97. 断路器的电气图形为(　　　)。

A. 　　　　B. 　　　　C.

98. 热继电器的保护特性与电动机过载特性贴近,是为了充分发挥电机的(　　　)能力。

A. 过载　　　　　　　　B. 控制　　　　　　　　C. 节流

99. 在电力控制系统中,使用最广泛的是(　　　)式交流接触器。

A. 气动　　　　　　　　B. 电磁　　　　　　　　C. 液动

100. 电压继电器使用时其吸引线圈直接或通过电压互感器(　　　)在被控电路中。

A. 并联　　　　　　　　B. 串联　　　　　　　　C. 串联或并联

101. 在易燃、易爆危险场所,电气线路应采用(　　　)或者铠装电缆敷设。

A. 穿金属蛇皮管再沿铺砂电缆沟

B. 穿水煤气管

C. 穿钢管

102. 在电气线路安装时,导线与导线或导线与电气螺栓之间的连接最易引发火灾的连接工艺是(　　　)。

A. 铜线与铝线绞接　　　B. 铝线与铝线绞接　　　C. 铜铝过渡接头压接

103. 万用表在使用完毕后,应将转换开关旋至"OFF"挡,如没有这挡位置,则应将开关旋至(　　　)。

A. 交流电压的最高挡　　B. 交流电流的最高挡　　C. 直流电阻的最高挡

104. 测量直流电流可采用(　　　)。

A. 磁电系仪表　　　　　B. 感应系仪表　　　　　C. 整流系仪表

105. 脱粒场照明由电表箱或户内接出,严禁利用大地作为中性线,照明灯具应妥善悬挂,并有(　　)措施。

A. 防雨　　　　　　B. 防雷　　　　　　C. 防爆

106. 为了防止未拆接地线合闸的事故，在放置接地线的固定地点应有

A. 统一编号　　　　B. 完好的记录本　　C. 标示牌

107. 旋转磁场的旋转方向决定于通入定子绕组中的三相交流电源的相序，只要任意调换电动机(　　)所接交流电源的相序，旋转磁场即反转。

A. 一相绕组　　　　B. 两相绕组　　　　C. 三相绕组

108. 在一个闭合回路中，电流强度与电源电动势成正比，与电路中内电阻和外电阻之和成反比，这一定律称(　　)。

A. 全电路欧姆定律　B. 全电路电流定律　C. 部分电路欧姆定律

109. 载流导体在磁场中将会受到(　　)的作用。

A. 电磁力　　　　　B. 磁通　　　　　　C. 电动势

110. 一般线路中的熔断器有(　　)保护。

A. 过载　　　　　　B. 短路　　　　　　C. 过载和短路

111. 导线的中间接头采用铰接时，先在中间互绞(　　)圈。

A. 1　　　　　　　　B. 2　　　　　　　　C. 3

112. 在电路中，开关应控制(　　)。

A. 零线　　　　　　B. 相线　　　　　　C. 地线

113. 高压验电器的发光电压不应高于额定电压的(　　)%。

A. 25　　　　　　　B. 50　　　　　　　C. 75

114. 电容器属于(　　)设备。

A. 危险　　　　　　B. 运动　　　　　　C. 静止

115. 用摇表测量电阻的单位是(　　)。

A. 欧姆　　　　　　B. 千欧　　　　　　C. 兆欧

116. 测量电动机线圈对地的绝缘电阻时，摇表的"L""E"两个接线柱应(　　)。

A."E"接在电动机出线的端子，"L"接在电动机的外壳

B."L"接在电动机出线的端子，"E"接在电动机的外壳

C. 随便接，没有规定

117. 人体同时接触带电设备或线路中的两相导体时，电流从一相通过人体流入另一相，这种触电现象称为(　　)触电。

A. 单相　　　　　　B. 两相　　　　　　C. 感应电

118. 继电器是一种根据(　　)来控制电路"接通"或"断开"的一种自动电器。

A. 外界输入信号(电信号或非电信号)

B. 电信号

C. 非电信号

119. 电流继电器使用时其吸引线圈直接或通过电流互感器(　　)在被控电路中。

A. 并联　　　　　　B. 串联　　　　　　C. 串联或并联

120. 低压电器可归为低压配电电器和(　　)电器。

A. 低压控制　　　　B. 电压控制　　　　C. 低压电动

121. 交流电压的测量可采用(　　)。

42

A. 磁电系仪表　　　　　B. 感应系仪表　　　　　C. 整流系仪表

122. 晶闸管主要用于可控整流、交流调压、逆变(　　)。

A. 放大　　　　　　　　B. 振荡　　　　　　　　C. 无触点开关

123. 系统误差的消除可采用(　　)。

A. 选择合理的测量方法

B. 重复测量的方法

C. 提高操作人员工作的责任心

124. 安全标志分为禁止标志、警告标志、指令标志和(　　)。

A. 当心标志　　　　　　B. 必须标志　　　　　　C. 提示标志

125. 水产养殖塘所用增氧泵的电源线采用水底穿越办法时,必须用绝缘良好的(　　)。

A. 塑料护套软线　　　　B. 橡皮线　　　　　　　C. 防水电缆线

126. 避雷器装设在被保护物的引入端,其上端接在线路上,下端(　　)。

A. 接地　　　　　　　　B. 接零　　　　　　　　C. 接设备金属外壳

127. 对新进企业的电工学习人员,必须进行(　　)安全教育

A. 二级　　　　　　　　B. 三级　　　　　　　　C. 四级

128. 避雷针的最大保护角 α 为(　　)。

A. 25°　　　　　　　　 B. 45°　　　　　　　　 C. 90°

129. 国家通过各种途径,创造劳动就业机会及还有(　　)是《宪法》第 42 条的规定。

A. 发放劳防用品　　　　B. 改善劳动条件　　　　C. 享有旅游权利

130. 电动机定子三相绕组与交流电源的连接叫接法,其中 Y 为(　　)。

A. 三角形接法　　　　　B. 星形接法　　　　　　C. 延边三角形接法

131. 电动机在额定工作状态下运行时,(　　)的机械功率叫额定功率。

A. 允许输入　　　　　　B. 允许输出　　　　　　C. 推动电机

132. 电动机(　　)作为电动机磁通的通路,要求材料有良好的导磁性能。

A. 机座　　　　　　　　B. 端盖　　　　　　　　C. 定子铁芯

133. 三相四线制的零线的截面积一般(　　)相线截面积。

A. 大于　　　　　　　　B. 小于　　　　　　　　C. 等于

134. 感应电流的方向总是使感应电流的磁场阻碍引起感应电流的磁通的变化,这一定律称为(　　)。

A. 法拉第定律　　　　　B. 特斯拉定律　　　　　C. 楞次定律

135. 利用交流接触器作为欠压保护的原理是当电压不足时,线圈产生的(　　)不足,触头分断。

A. 磁力　　　　　　　　B. 涡流　　　　　　　　C. 热量

136. 尖嘴钳 150 mm 是指(　　)。

A. 其绝缘手柄为 150 mm　B. 其总长度为 150 mm　C. 其开口 150 mm

137. 墙边开关安装时距离地面的高度为(　　)m。

A. 1.3　　　　　　　　 B. 1.5　　　　　　　　 C. 2

138. 特种作业人员必须年满(　　)周岁。

A. 18　　　　　　　　　B. 19　　　　　　　　　C. 20

139. 测量电压时,电压表应与被测电路(　　)。

　　A. 并联　　　　　　　　　B. 串联　　　　　　　　　C. 正接

140. 热继电器具有一定的(　　)自动调节补偿功能。

　　A. 时间　　　　　　　　　B. 频率　　　　　　　　　C. 温度

141. 带电灭火时,如用二氧化碳灭火器的机体和喷嘴距 10 kV 以下高压带电体不得小于(　　)m。

　　A. 0.4　　　　　　　　　B. 0.7　　　　　　　　　C. 1

142. 上海低压供电系统采用保护接地系统是(　　)。

　　A. TN -　　　　　　　　B. TT　　　　　　　　　C. TN - S

143. 对触电病人终止心肺复苏工作是一项(　　)。

　　A. 组织决定　　　　　　　B. 医学决定　　　　　　　C. 重要决定

144. 冷库库房的除霜铁门及金属构架应可靠接地,为保证库房内工作人员的安全,必须安装

　　A. 低压断路器　　　　　　B. 空气清洁器　　　　　　C. 报警装置

145. 三个阻值相等的电阻串联时的总电阻是并联时总电阻的(　　)倍。

　　A. 6　　　　　　　　　　B. 9　　　　　　　　　　C. 3

146. 保护线(接地或接零线)的颜色按标准应采用(　　)。

　　A. 蓝色　　　　　　　　　B. 红色　　　　　　　　　C. 黄绿双色

147. 导线接头要求应接触紧密和(　　)等。

　　A. 拉不断　　　　　　　　B. 牢固可靠　　　　　　　C. 不会发热

148. 电烙铁用于(　　)导线接头等。

　　A. 铜焊　　　　　　　　　B. 锡焊　　　　　　　　　C. 铁焊

149. 并联电力电容器的作用是(　　)。

　　A. 降低功率因数　　　　　B. 提高功率因数　　　　　C. 维持电流

150. (　　)仪表由固定的永久磁铁,可转动的线圈及转轴、游丝、指针、机械调零机构等组成。

　　A. 磁电式　　　　　　　　B. 电磁式　　　　　　　　C. 感应式

151. 铁壳开关的电气图形为(　　),文字符号为 QS。

152. 如图所示,是(　　)触头。

　　A. 延时闭合动合　　　　　B. 延时断开动合　　　　　C. 延时断开动断

153. 电器、灯具的相线经开关控制,一般开关安装的离地高度宜为(　　)。

　　A. 0.8 m　　　　　　　　B. 1.0 m　　　　　　　　C. 1.3 m

154. 用万用电表测量晶体管元件时,不要采用 R×1 挡和 R×10 K 挡(　　)。

　　A. 因为电流过大　　　　　B. 因为电压过高　　　　　C. 因为电流过大,电压过高

155. 导线和电缆允许的最大电流除取决于截面积之外,还与其材料、结构和(　　)有关。

A. 安装位置　　　　　　　B. 敷设的方式　　　　　C. 通电时间

156. 在 TN－C 的低压配电系统中,三孔插座接保护线的端子应与(　　)导线连接
A. N 线　　　　　　　　　B. PE 线　　　　　　　　C. PEN 线

157. 在有可燃或爆炸性气体的环境,应选用电动机的防护形式为(　　)。
A. 防护式　　　　　　　　B. 封闭式　　　　　　　C. 防爆式

158. 触电者心跳停止、呼吸存在,采用人工复苏的方法为(　　)。
A. 口对口人工呼吸法　　　B. 体外心脏按压法　　　C. 口对鼻人工呼吸法

159. 绝缘材料的耐热等级为 E 级时,其极限工作温度为(　　)℃。
A. 90　　　　　　　　　　B. 105　　　　　　　　　C. 120

160. 在检查插座时,电笔在插座的两个孔均不亮,首先判断是(　　)。
A. 短路　　　　　　　　　B. 相线断线　　　　　　C. 零线断线

161. 按国际和我国标准,(　　)线只能用作保护接地或保护接零线。
A. 黑色　　　　　　　　　B. 蓝色　　　　　　　　C. 黄绿双色

162. 电容量的单位是(　　)。
A. 法　　　　　　　　　　B. 乏　　　　　　　　　C. 安时

163. 线路或设备的绝缘电阻的测量用(　　)测量。
A. 万用表的电阻挡　　　　B. 兆欧表　　　　　　　C. 接地摇表

164. 交流接触器的电寿命约为机械寿命的(　　)倍。
A. 10　　　　　　　　　　B. 1　　　　　　　　　　C. 1/20

165. 低压电源进户处应将工作零线和保护零线(　　)。
A. 分开接地　　　　　　　B. 单独接地　　　　　　C. 重复接地

166. 避雷针在地面上的保护半径为(　　)。
A. 1.5 h　　　　　　　　B. 2 h　　　　　　　　　C. 2.5 h

167. 电气工作人员还应遵循的职业道德规范中没有的是(　　)。
A. 掌握事故科学性　　　　B. 执行制度严肃性　　　C. 消除隐患及时性

168. 封闭式电气设备的带电部分有严密的罩盖,潮气、粉尘等不易侵入,这种电气设备可用于(　　)。
A. 触电危险性小的普通环境
B. 触电危险性大的普通环境
C. 触电危险性大的危险环境

169. 可以交直流两用的钳形电流表,是采用何种测量机构的仪表(　　)。
A. 磁电系　　　　　　　　B. 电磁系　　　　　　　C. 整流系

170. 感性电路中,功率因数等于(　　)。
A. 无功功率/有功功率　　B. 有功功率/视在功率　　C. 视在功率/有功功率

171. 在畜牧场,对饲料加工冲洗、消毒等移动电器的金属外壳必须可靠接地,使用时穿好绝缘靴,戴好绝缘手套并要(　　)。
A. 戴好安全帽　　　　　　B. 有人监护　　　　　　C. 戴好防护眼镜

172. 交流电路中电流比电压滞后 90°,该电路属于(　　)电路。
A. 纯电阻　　　　　　　　B. 纯电感　　　　　　　C. 纯电容

173. PN 结两端加正向电压时,其正向电阻(　　)。

A. 小   B. 大   C. 不变

174. 穿管导线内最多允许(　　)个导线接头。

A. 2   B. 1   C. 0

175. 在一般场所,为保证使用安全,应选用(　　)电动工具。

A. Ⅰ类   B. Ⅱ类   C. Ⅲ类

176. 用于电气作业书面依据的工作票应一式(　　)份。

A. 2   B. 3   C. 4

177. 电容器可用万用表(　　)挡进行检查。

A. 电压   B. 电流   C. 电阻

178. 用万用表测量电阻时,黑表笔接表内电源的(　　)。

A. 两极   B. 负极   C. 正极

179. 电流对人体的热效应造成的伤害是(　　)。

A. 电烧伤   B. 电烙印   C. 皮肤金属化

180. 拉开闸刀时,如果出现电弧,应(　　)。

A. 迅速拉开   B. 立即合闸   C. 缓慢拉开

181. 绝缘棒、绝缘钳等电气安全用具,定期检查和试验周期为(　　)。

A. 半年   B. 一年   C. 两年

182. 静电除造成不安全因素外,还可以(　　)影响生产,降低产品质量。

A. 间接   B. 偶然   C. 直接

183. 必须设置剩余电流保护器的电气设备是(　　)。

A. Ⅰ类手持式电动工具

B. Ⅲ类电动工具

C. 1:1隔离变压器供电的电气设备

184. 间接接触触电可分为接触电压触电和(　　)。

A. 单相触电   B. 两相触电   C. 跨步电压触电

185. 静电接地是消除导体上静电的最简单的办法,在有爆炸性气体的场所,接地电阻应不大于(　　)。

A. 30 Ω   B. 100 Ω   C. 1 000 Ω

186. 电机在正常运行时的声音,是平稳、轻快、(　　)和有节奏的。

A. 尖叫   B. 均匀   C. 摩擦

187. 下面(　　)属于顺磁性材料。

A. 水   B. 铜   C. 空气

188. 我们使用的照明电压为220 V,这个值是交流电的(　　)。

A. 有效值   B. 最大值   C. 恒定值

189. 交流10 kV母线电压是指交流三相三线制的(　　)。

A. 线电压   B. 相电压   C. 线路电压

190. 在狭窄场所如锅炉、金属容器、管道内作业时应使用(　　)工具。

A. Ⅰ类   B. Ⅱ类   C. Ⅲ类

191. 钳形电流表使用时应先用较大量程,然后在视被测电流的大小变换量程。切换量程时应(　　)。

A. 直接转动量程开关

B. 先退出导线,再转动量程开关

C. 一边进线一边换挡

192. 从制造角度考虑,低压电器是指在交流 50 Hz、额定电压(　　　)V 或直流额定电压 1 500 V 及以下的电气设备。

A. 400　　　　　　　　B. 800　　　　　　　　C. 1 000

193. 菌菇房内空气特别潮湿,灯具应采用(　　　)。

A. 密闭灯　　　　　　　B. 防潮灯　　　　　　　C. 防爆灯

194. 功率表都采用什么测量机构的仪表制成(　　　)。

A. 磁电系　　　　　　　B. 电磁系　　　　　　　C. 电动系

195. 纯电容元件在电路中(　　　)电能。

A. 储存　　　　　　　　B. 分配　　　　　　　　C. 消耗

196. 导线接头电阻要足够小,与同长度同截面导线的电阻比不大于(　　　)。

A. 1　　　　　　　　　　B. 1. 5　　　　　　　　　C. 2

197. "禁止合闸,有人工作"的标志牌应制作为(　　　)。

A. 白底红字　　　　　　B. 红底白字　　　　　　C. 白底绿字

198. 更换熔体或熔管,必须在(　　　)的情况下进行。

A. 带电　　　　　　　　B. 不带电　　　　　　　C. 带负载

199. 主令电器很多,其中有(　　　)。

A. 接触器　　　　　　　B. 行程开关　　　　　　C. 热继电器

200. 电气火灾的引发是由于危险温度的存在,危险温度的引发主要是由于(　　　)。

A. 设备负载轻　　　　　B. 电压波动　　　　　　C. 电流过大

201. 登高作业如果没有防护栏杆和安全网等措施,高度超过(　　　)必须使用安全带或采取其他安全可靠的措施。

A. 2 m　　　　　　　　B. 3 m　　　　　　　　　C. 5 m

202. 防护直击雷的主要措施是(　　　)。

A. 接闪器　　　　　　　B. 避雷器　　　　　　　C. 中和器

203. 抽水(喷灌)站电气装置和设备,在使用前应检查电气设施是否完好,并进行(　　　)测试。

A. 接地电阻　　　　　　B. 泄漏电阻　　　　　　C. 绝缘电阻

204. 对触电者进行心肺复苏时,触电者必须处于(　　　)。

A. 复苏体位　　　　　　B. 恢复体位　　　　　　C. 昏迷体位

205. 避雷针(线、带、网)与引下线之间的连接应采用(　　　)。

A. 螺丝连接　　　　　　B. 焊接连接　　　　　　C. 管卡连接

206. 竹木梯荷重试验周期为(　　　)。

A. 每月一次　　　　　　B. 半年一次　　　　　　C. 每年一次

207. 三相电源作三角形连接时,若线电压为 380 V,则相电压为(　　　)。

A. 220 V　　　　　　　B. 380 V　　　　　　　　C. 660 V

208. 一般电器所标或仪表所指示的交流电压、电流的数值是(　　　)

A. 最大值　　　　　　　B. 有效值　　　　　　　C. 平均值

209. 一般照明场所的线路允许电压损失为额定电压的(　　　)。

    A. ±5%　　　　　　　　　B. ±10%　　　　　　　　　C. ±15%

210. 线路单相短路是指(　　　)。

    A. 功率太大　　　　　　　B. 电流太大　　　　　　　C. 零火线直接接通

211. 保险绳的使用应(　　　)。

    A. 高挂低用　　　　　　　B. 低挂调用　　　　　　　C. 保证安全

212. 接地电阻测量仪主要由手摇发电机、(　　　)、电位器和检流计组成。

    A. 电流互感器　　　　　　B. 电压互感器　　　　　　C. 变压器

213. 交流接触器的额定工作电压,是指在规定条件下,能保证电器正常工作的(　　　)电压。

    A. 最低　　　　　　　　　B. 最高　　　　　　　　　C. 平均

214. 在半导体电路中,主要选用快速熔断器做(　　　)保护。

    A. 短路　　　　　　　　　B. 过压　　　　　　　　　C. 过热

215. 电气火灾发生时,应先切断电源再扑救,但不知或不清楚开关在何处时,应剪断电线,剪切时要(　　　)。

    A. 几根线迅速同时剪断

    B. 不同相线在不同位置剪断

    C. 在同一位置一根一根剪断

216. 电气火灾后,切断电源的地点要选择适当,防止切断电源后影响灭火工作,如果是夜间救火应考虑断电后的(　　　)。

    A. 现场秩序　　　　　　　B. 照明问题　　　　　　　C. 灭火通道

217. 工作票制度规定,不停电作业工作票属于(　　　)。

    A. 第一种　　　　　　　　B. 第二种　　　　　　　　C. 第三种

218. 根据安全色的含义及规定,电动机的停止按钮的颜色应采用(　　　)。

    A. 红色　　　　　　　　　B. 黄色　　　　　　　　　C. 绿色

219. 串联电路中各电阻两端电压的关系是(　　　)。

    A. 各电阻两端电压相等

    B. 阻值越小两端电压越高

    C. 阻值越大两端电压越高

220. (　　　)可用于操作高压跌落式熔断器、单极隔离开关及装设临时接地线等。

    A. 绝缘手套　　　　　　　B. 绝缘鞋　　　　　　　　C. 绝缘棒

221. 电容器组禁止(　　　)。

    A. 带电合闸　　　　　　　B. 带电荷合闸　　　　　　C. 停电合闸

222. 电流表的符号是(　　　)

    A. Ⓐ　　　　　　　　　　B. Ⓥ　　　　　　　　　　C. Ⓞ

223. 数字式仪表结构由以下四部分组成:测量线路、A/D 转换器、显示屏及(　　　)。

    A. 选择开关　　　　　　　B. 电源　　　　　　　　　C. 表棒

224. 安全生产法规的作用,除了主要表现在确保从业人员的合法权益外,还有(　　　)。

    A. 提高了生产效率　　　　B. 促进社会稳定　　　　　C. 促进生产技术的发展

225. 电离防雷装置的高度不应低于被保护物高度,并应保持在大于(　　　)。

    A. 10 m　　　　　　　　　B. 20 m　　　　　　　　　C. 30 m

226. 三相异步电动机一般可直接启动的功率为(　　)kW 以下。
　　A. 7　　　　　　　　B. 10　　　　　　　　C. 16

227. 静电引起爆炸和火灾的条件之一是(　　)。
　　A. 有爆炸性混合物存　　B. 静电能量要足够大　　C. 有足够的温度

228. Ⅰ类电动工具的绝缘电阻要求不低于(　　)。
　　A. 1 MΩ　　　　　　B. 2 MΩ　　　　　　C. 3 MΩ

229. 更换和检修用电设备时,最好的安全措施是(　　)。
　　A. 切断电源　　　　　B. 站在凳子上操作　　C. 戴橡皮手套操作

230. 低压电容器的放电负载通常使用(　　)。
　　A. 灯泡　　　　　　　B. 线圈　　　　　　C. 互感器

231. 漏电保护断路器在设备正常工作时,电路电流的相量和(　　),开关保持闭合状态。
　　A. 为正　　　　　　　B. 为负　　　　　　C. 为零

232. 低压熔断器,广泛应用于低压供配电系统和控制系统中,主要用于(　　)保护,有时也可用于过载保护。
　　A. 速断　　　　　　　B. 短路　　　　　　C. 过流

233. 干粉灭火器火器可适用于(　　)kV 以下线路带电灭火。
　　A. 10　　　　　　　　B. 35　　　　　　　C. 50

234. 电机、低压电器外壳防护等级的标志由字母"IP"及紧接两个数字组成,如封闭式的防护等级标志为(　　)。
　　A. IP23　　　　　　　B. IP43　　　　　　C. IP44

235. 应当注意,不论是什么建筑物,对其屋角、屋脊和屋檐等易受雷击突出部位都应装设(　　)。
　　A. 避雷针　　　　　　B. 避雷带　　　　　　C. 避雷器

236. 避雷针是常用的避雷装置,安装时,避雷针宜设独立的接地装置,如果在非高电阻率地区,其接地电阻不宜超过(　　)Ω。
　　A. 2　　　　　　　　B. 4　　　　　　　　C. 10

237. 下列材料中,导电性能最好的是(　　)。
　　A. 铝　　　　　　　　B. 铜　　　　　　　C. 铁

238. 特种作业操作证每(　　)年复审 1 次。
　　A. 5　　　　　　　　B. 4　　　　　　　　C. 3

239. 胶壳刀开关在接线时,电源线接在(　　)。
　　A. 上端(静触点)　　　B. 下端(动触点)　　C. 两端都可

240. 为了防止跨步电压对人造成伤害,要求防雷接地装置距离建筑物出入口、人行道最小距离不应小于(　　)m。
　　A. 205　　　　　　　B. 3　　　　　　　　C. 4

241. 使用竹梯时,梯子与地面的夹角以(　　)°为宜。
　　A. 50　　　　　　　　B. 60　　　　　　　C. 70

242. 钳形电流表是利用(　　)的原理制造的。
　　A. 电流互感器　　　　B. 电压互感器　　　　C. 变压器

243. 钳形电流表测量电流时,可以在(　　)电路的情况下进行。

A.断开　　　　　　　B.短接　　　　　　　C.不断开

244.万能转换开关的基本结构内有(　　)。

A.反力系统　　　　　B.触点系统　　　　　C.线圈部分

245.避雷器中保护间隙主要用于(　　)。

A.低压小电流电网　　B.低压大电流电网　　C.高压小电流电网

246.当电压为 5 V 时,导体的电阻值为 5 Ω,那么当电阻两端电压为 2 V 时,导体的电阻值为(　　)Ω。

A.10　　　　　　　　B.5　　　　　　　　C.2

247.熔断器的额定电流(　　)电动机的启动电流。

A.大于　　　　　　　B.等于　　　　　　　C.小于

248.(　　)仪表由固定的线圈,可转动的线圈及转轴、游丝、指针、机械调零机构等组成。

A.磁电式　　　　　　B.电磁式　　　　　　C.电动式

249.接触器的电气图形为(　　)。

A.　　　　　　　　　B.　　　　　　　　　C.

250.定期用试验按钮,检验 RCD 的可靠性,通常至少(　　)。

A.每月一次　　　　　B.每周一次　　　　　C.每天一次

251.由电流产生的热量、电火花或电弧是引起电气火灾和爆炸的(　　)。

A.直接原因　　　　　B.间接原因　　　　　C.偶然原因

252.变压器中性点的接地属于(　　)。

A.工作接地　　　　　B.保护接地　　　　　C.故障接地

253.笼形异步电动机采用电阻降压启动时,启动次数(　　)。

A.不宜太少　　　　　B.不允许超过 3 次/小时　　C.不宜过于频繁

254.降压启动是指启动时降低加在电动机(　　)绕组上的电压,启动运转后,再使其电压恢复到额定电压正常运行。

A.定子　　　　　　　B.转子　　　　　　　C.定子及转子

255.移动电气设备电源应采用高强度铜芯橡皮护套软绝缘(　　)。

A.导线　　　　　　　B.电缆　　　　　　　C.绞线

256.日光灯属于(　　)光源。

A.气体放电　　　　　B.热辐射　　　　　　C.生物放电

257.低压电工作业是指对(　　)V 以下的电气设备进行安装、调试、运行操作等的作业。

A.250　　　　　　　B.500　　　　　　　C.1000

258.指针式万用表测量电阻时标度尺最右侧是(　　)。

A.∞　　　　　　　　B.0　　　　　　　　C.不确定

259.具有反时限安秒特性的元件就具备短路保护和(　　)保护能力。

A.温度　　　　　　　B.机械　　　　　　　C.过载

260.在采用多级熔断器保护中,后级的熔体额定电流比前级大,目的是防止熔断器越级熔断而(　　)。

A. 查障困难　　　　　　B. 减小停电范围　　　　C. 扩大停电范围

261. 直流单臂电桥又称为惠斯登电桥,适用于测量(　　)。
A. ≤1 Ω电阻　　　　　B. 1 Ω~10 MΩ电阻　　　C. >10 MΩ电阻

262. 导线接头的绝缘强度应(　　)原导线的绝缘强度。
A. 大于　　　　　　　　B. 等于　　　　　　　　C. 小于

263. 当低压电气火灾发生时,首先应做的是(　　)。
A. 迅速离开现场去报告领导
B. 迅速设法切断电源
C. 迅速用干粉或者二氧化碳灭火器灭火

264. 为了保障车辆及行人安全,在修路段等处应设置障碍照明,障碍灯为(　　)。
A. 白色　　　　　　　　B. 红色　　　　　　　　C. 绿色

265. 半导体晶体管有三个区,即发射区、基区和(　　)。
A. 放大区　　　　　　　B. 集电区　　　　　　　C. 饱和区

266. 通常把电源内部的电路称为(　　)。
A. 内电路　　　　　　　B. 外电路　　　　　　　C. 全电路

267. 单相电度表主要由一个可转动铝盘和分别绕在不同铁芯上的一个(　　)和一个电流线圈组成。
A. 电压线圈　　　　　　B. 电压互感器　　　　　C. 电阻

268. 据一些资料表明,心跳呼吸停止,在(　　)min内进行抢救,约80%可以救活。
A. 1　　　　　　　　　　B. 2　　　　　　　　　　C. 3

269. 下列材料不能作为导线使用的是(　　)。
A. 铜绞线　　　　　　　B. 钢绞线　　　　　　　C. 铝绞线

270. 组合开关用于电动机可逆控制时,(　　)允许反向接通。
A. 不必在电动机完全停转后就
B. 可在电动机停后就
C. 必须在电动机完全停转后才

271. 行程开关的组成包括(　　)。
A. 线圈部分　　　　　　B. 保护部分　　　　　　C. 反力系统

272. 直接接触触电可分为单相触电和(　　)。
A. 接触电压触电　　　　B. 两相触电　　　　　　C. 跨步电压触电

273. 在灭火中如遇带电导线断落地面,应划出半径为多少米的警戒区,以防止跨步电压触电(　　)。
A. 5~7 m　　　　　　　B. 8~10 m　　　　　　　C. 11~13 m

274. 农村临时用电设备,利用熔断器做停、送电操作是(　　)。
A. 严禁的　　　　　　　B. 不宜的　　　　　　　C. 可以的

275. 通电线圈产生的磁场方向不但与电流方向有关,而且与线圈(　　)有关。
A. 长度　　　　　　　　B. 绕向　　　　　　　　C. 体积

276. 三相交流电路中,A相用(　　)颜色标记。
A. 红色　　　　　　　　B. 黄色　　　　　　　　C. 绿色

277. 禽舍使用的移动式风扇,其引线长度不超过5 m,应有(　　)电器控制。

    A.漏电断路器　　　　　　B.闸刀开关　　　　　　C.空气开关

278.对电机各绕组的绝缘检查,如测出绝缘电阻为零,在发现无明显烧毁的现象时,则可进行烘干处理,这时(　　)通电运行。

    A.允许　　　　　　　　　B.不允许　　　　　　　C.烘干好后就可

279.在均匀磁场中,通过某一平面的磁通量为最大时,这个平面就和磁力线(　　)。

    A.平行　　　　　　　　　B.垂直　　　　　　　　C.斜交

280.螺口灯头的螺纹应与(　　)相接。

    A.零线　　　　　　　　　B.相线　　　　　　　　C.地线

281.《公民道德建设实施纲要》中指出,要大力倡导的职业道德,其中不属于的是(　　)。

    A.爱岗敬业　　　　　　　B.钻研技术　　　　　　C.奉献社会

282.绝缘安全用具按用途可分为基本安全用具和(　　)。

    A.保护安全用具　　　　　B.辅助安全用具　　　　C.登高安全用具

283.在纯电阻电路中,流过电阻的电流相位与电压相位是(　　)。

    A.同相位　　　　　　　　B.电流超前电压90°　　C.电流滞后电压90°

284.1:1隔离变压器的一、二次接线端子应(　　)。

    A.一端必须接地或接零

    B.一端与是否接地或接零无关

    C.应采用封闭措施或加护罩

285.接地电阻测量仪用来测量(　　)。

    A.接地体电阻　　　　　　B.接地线电阻　　　　　C.接地电阻

286.单相三孔插座的上孔接(　　)。

    A.零线　　　　　　　　　B.相线　　　　　　　　C.地线

287.属于控制电器的是(　　)。

    A.接触器　　　　　　　　B.熔断器　　　　　　　C.刀开关

288.单支避雷针在地面上的保护半径为避雷针高度的(　　)。

    A.1.5倍　　　　　　　　B.2倍　　　　　　　　C.2.5倍

289.根据线路电压等级和用户对象,电力线路可分为配电线路和(　　)线路。

    A.动力　　　　　　　　　B.照明　　　　　　　　C.送电

290.导线接头连接不紧密,会造成接头(　　)。

    A.发热　　　　　　　　　B.绝缘不够　　　　　　C.不导电

291.三相电源星形连接中,相电压指(　　)。

    A.相线与相线之间的电压

    B.相线与地之间的电压

    C.相线与中性线之间的电压

292.对电机各绕组的绝缘检查,要求是电动机每1 kV工作电压,绝缘电阻(　　)。

    A.小于0.5 MΩ　　　　　B.大于或等于1 MΩ　　C.等于0.5 MΩ

293.三相笼形异步电动机的启动方式有两类,既在额定电压下的直接启动和(　　)启动。

    A.转子串电阻　　　　　　B.转子串频敏　　　　　C.降低启动电压

294.特种作业操作证有效期为(　　)年。

    A.12　　　　　　　　　　B.8　　　　　　　　　　C.6

295. 雷电侵入波的防护措施有(　　)。

　　A. 接闪器　　　　　　　B. 避雷器　　　　　　　C. 中和器

296. 笼形异步电动机降压启动能减少启动电流,但由于电机的转矩与电压的平方成(　　),因此降压启动时转矩减少较多。

　　A. 反比　　　　　　　　B. 正比　　　　　　　　C. 对应

297. 在建筑物,电气设备和构筑物上能产生电效应,热效应和机械效应,具有较大的破坏作用的雷属于(　　)。

　　A. 球形雷　　　　　　　B. 感应雷　　　　　　　C. 直击雷

298. 按照计数方法,电工仪表主要分为指针式仪表和(　　)式仪表。

　　A. 电动　　　　　　　　B. 比较　　　　　　　　C. 数字

299. 熔断器的符号是(　　)。

　　A. ▭　　　　　　　　　B. ▭　　　　　　　　　C. ▸|

300. 当车间电气火灾发生时,应首先切断电源,切断电源的方法是(　　)。

　　A. 拉开刀开关

　　B. 拉开断路器或者磁力开关

　　C. 报告负责人请求断总电源

301. 导线接头缠绝缘胶布时,后一圈压在前一圈胶布宽度的(　　)处。

　　A. 1/3　　　　　　　　　B. 1/2　　　　　　　　C. 2

302. 碳在自然界中有金刚石和石墨两种存在形式,其中石墨是(　　)。

　　A. 绝缘体　　　　　　　B. 导体　　　　　　　　C. 半导体

303. 接地电阻测量仪是测量(　　)的装置。

　　A. 绝缘电阻　　　　　　B. 直流电阻　　　　　　C. 接地电阻

304. 对电机轴承润滑的检查,(　　)电动机转轴,看是否转动灵活,听有无异声。

　　A. 通电转动　　　　　　B. 用手转动　　　　　　C. 用其他设备带动

305. 相线应接在螺口灯头的(　　)。

　　A. 中心端子　　　　　　B. 螺纹端子　　　　　　C. 外壳

306. 电能表是测量(　　)用的仪器。

　　A. 电流　　　　　　　　B. 电压　　　　　　　　C. 电能

307. 照明线路熔断器的熔体的额定电流取线路计算电流的(　　)倍。

　　A. 0.9　　　　　　　　　B. 1.1　　　　　　　　C. 1.5

308. 下列现象中,可判定是接触不良的是(　　)。

　　A. 日光灯启动困难　　　B. 灯泡忽明忽暗　　　　C. 灯泡不亮

309. 电动机在额定工作状态下运行时,定子电路所加的(　　)叫额定电压。

　　A. 线电压　　　　　　　B. 相电压　　　　　　　C. 额定电压

310. 螺旋式熔断器的电源进线应接在(　　)。

　　A. 上端　　　　　　　　B. 下端　　　　　　　　C. 前端

311. 电缆沟内的油火只能用(　　)灭火器材扑灭。

　　A. 二氧化碳　　　　　　B. 干粉　　　　　　　　C. 泡沫覆盖

312. 电气火灾的引发是由于危险温度的存在,其中短路、设备故障、设备非正常运行及(　　)都可能是引发危险温度的因素。

A.导线截面选择不当　　　B.电压波动　　　　　C.设备运行时间长

313. 导线接头、控制器触点等接触不良是诱发电气火灾的重要原因。所谓"接触不良",其本质原因是(　　)。

A.触头、接触点电阻变化引发过电压

B.触头、接触点电阻变小

C.触头、接触点电阻变大引起功耗增大

314. 三相异步电动机按其(　　)的不同可分为开启式、防护式、封闭式三大类。

A.供电电源的方式　　　B.外壳防护方式　　　C.结构形式

315. 电工使用的带塑料套柄的钢丝钳,其耐压为(　　)V 以上。

A.380　　　　　　　B.500　　　　　　　C.1 000

316. 测量接地电阻时,电位探针应接在距接地端(　　)m 的地方。

A.5　　　　　　　　B.20　　　　　　　C.40

317. 指针式万用表一般可以测量交直流电压、(　　)电流和电阻。

A.交直流　　　　　　B.交流　　　　　　C.直流

318. 熔断器在电动机的电路中起(　　)保护作用。

A.过载　　　　　　　B.短路　　　　　　C.过载和短路

319. 用钳形电流表测电流时,只要将钳形表(　　)。

A.串联在被测电路中　　B.并联在被测电路中　　C.钳住被测导线

320. 三相异步电动机虽然种类繁多,但基本结构均由(　　)和转子两大部分组成。

A.外壳　　　　　　　B.定子　　　　　　C.罩壳及机座

321. 国家标准规定凡(　　)kW 以上的电动机均采用三角形接法。

A.3　　　　　　　　B.4　　　　　　　　C.7.5

322. 装设接地线,当检验明确无电压后,应立即将检修设备接地并(　　)短路。

A.单相　　　　　　　B.两相　　　　　　C.三相

323. 摇表的两个主要组成部分是手摇(　　)和磁电式流比计。

A.电流互感器　　　　B.直流发电机　　　　C.交流发电机

324. 在感性电路中,电压与电流的相位关系是(　　)。

A.电压超前电流　　　B.电压滞后电流　　　C.电压与电流同相

325. 在三相对称交流电源星形连接中,线电压超前于所对应的相电压(　　)°。

A.120　　　　　　　B.30　　　　　　　C.60

326. 对照电机与其铭牌检查,主要有(　　)、频率、定子绕组的连接方法。

A.电源电压　　　　　B.电源电流　　　　C.工作制

327. 将一根导线均匀拉长为原长的 2 倍,则它的阻值为原阻值的(　　)倍。

A.1　　　　　　　　B.2　　　　　　　　C.4

328. 非自动切换电器是依靠(　　)直接操作来进行工作的。

A.外力(如手控)　　　B.电动　　　　　　C.感应

329. 星 – 三角降压启动,是启动时把定子三相绕组作(　　)连接。

A.三角形　　　　　　B.星形　　　　　　C.延边三角形

三、是非题答案

1. B. 错	2. A. 对	3. A. 对	4. A. 对	5. B. 错	6. A. 对
7. A. 对	8. A. 对	9. A. 对	10. A. 对	11. B. 错	12. A. 对
13. A. 对	14. A. 对	15. B. 错	16. B. 错	17. B. 错	18. A. 对
19. A. 对	20. B. 错	21. A. 对	22. A. 对	23. A. 对	24. B. 错
25. A. 对	26. B. 错	27. A. 对	28. B. 错	29. A. 对	30. A. 对
31. A. 对	32. B. 错	33. A. 对	34. A. 对	35. A. 对	36. B. 错
37. B. 错	38. B. 错	39. A. 对	40. A. 对	41. B. 错	42. B. 错
43. A. 对	44. B. 错	45. A. 对	46. B. 错	47. B. 错	48. B. 错
49. A. 对	50. A. 对	51. A. 对	52. B. 错	53. B. 错	54. B. 错
55. A. 对	56. A. 对	57. A. 对	58. B. 错	59. A. 对	60. A. 对
61. A. 对	62. A. 对	63. A. 对	64. A. 对	65. A. 对	66. A. 对
67. B. 错	68. A. 对	69. A. 对	70. B. 错	71. B. 错	72. B. 错
73. A. 对	74. A. 对	75. A. 对	76. B. 错	77. B. 错	78. A. 对
79. B. 错	80. B. 错	81. A. 对	82. B. 错	83. A. 对	84. B. 错
85. B. 错	86. A. 对	87. A. 对	88. B. 错	89. A. 对	90. A. 对
91. A. 对	92. A. 对	93. A. 对	94. A. 对	95. A. 对	96. B. 错
97. B. 错	98. B. 错	99. A. 对	100. A. 对	101. B. 错	102. A. 对
103. A. 对	104. B. 错	105. A. 对	106. A. 对	107. B. 错	108. B. 错
109. B. 错	110. B. 错	111. B. 错	112. A. 对	113. B. 错	114. A. 对
115. B. 错	116. A. 对	117. A. 对	118. B. 错	119. A. 对	120. B. 错
121. A. 对	122. A. 对	123. A. 对	124. B. 错	125. B. 错	126. A. 对
127. B. 错	128. A. 对	129. B. 错	130. A. 对	131. B. 错	132. A. 对
133. B. 错	134. A. 对	135. B. 错	136. A. 对	137. B. 错	138. A. 对
139. A. 对	140. A. 对	141. A. 对	142. A. 对	143. A. 对	144. A. 对
145. B. 错	146. A. 对	147. A. 对	148. A. 对	149. B. 错	150. B. 错
151. A. 对	152. A. 对	153. A. 对	154. A. 对	155. A. 对	156. B. 错
157. B. 错	158. B. 错	159. B. 错	160. A. 对	161. A. 对	162. B. 错
163. A. 对	164. A. 对	165. A. 对	166. A. 对	167. B. 错	168. A. 对
169. A. 对	170. A. 对	171. B. 错	172. A. 对	173. A. 对	174. B. 错
175. A. 对	176. A. 对	177. B. 错	178. B. 错	179. A. 对	180. B. 错
181. B. 错	182. B. 错	183. A. 对	184. A. 对	185. A. 对	186. A. 对
187. A. 对	188. A. 对	189. A. 对	190. A. 对	191. A. 对	192. B. 错
193. A. 对	194. B. 错	195. A. 对	196. A. 对	197. B. 错	198. A. 对
199. B. 错	200. A. 对	201. A. 对	202. B. 错	203. B. 错	204. A. 对
205. A. 对	206. A. 对	207. B. 错	208. B. 错	209. A. 对	210. A. 对
211. A. 对	212. A. 对	213. B. 错	214. B. 错	215. A. 对	216. A. 对
217. A. 对	218. A. 对	219. B. 错	220. B. 错	221. A. 对	222. A. 对
223. A. 对	224. A. 对	225. B. 错	226. A. 对	227. A. 对	228. B. 错
229. A. 对	230. A. 对	231. A. 对	232. A. 对	233. A. 对	234. A. 对

235. A. 对　236. A. 对　237. A. 对　238. B. 错　239. A. 对　240. B. 错

241. B. 错　242. B. 错　243. A. 对　244. B. 错　245. A. 对　246. A. 对

247. A. 对　248. A. 对　249. A. 对　250. A. 对　251. A. 对　252. A. 对

253. B. 错　254. A. 对　255. A. 对　256. A. 对　257. A. 对　258. A. 对

259. A. 对　260. B. 错　261. B. 错　262. B. 错　263. B. 错　264. A. 对

265. A. 对　266. A. 对　267. B. 错　268. A. 对　269. A. 对　270. A. 对

271. B. 错　272. A. 对　273. A. 对　274. B. 错　275. B. 错　276. A. 对

277. A. 对　278. A. 对　279. B. 错　280. A. 对　281. B. 错　282. B. 错

283. A. 对　284. B. 错　285. A. 对　286. B. 错　287. A. 对　288. B. 错

289. A. 对　290. A. 对　291. A. 对　292. A. 对　293. A. 对　294. A. 对

295. A. 对　296. B. 错　297. B. 错　298. A. 对　299. A. 对　300. A. 对

301. A. 对　302. B. 错　303. B. 错　304. B. 错　305. B. 错　306. A. 对

307. B. 错　308. A. 对　309. A. 对　310. A. 对　311. B. 错　312. B. 错

313. B. 错　314. A. 对　315. A. 对　316. A. 对　317. A. 对　318. B. 错

319. B. 错　320. A. 对　321. A. 对　322. A. 对　323. B. 错　324. A. 对

325. B. 错　326. A. 对　327. B. 错　328. A. 对　329. A. 对　330. A. 对

331. A. 对　332. B. 错　333. A. 对　334. A. 对　335. A. 对　336. A. 对

337. A. 对　338. A. 对　339. A. 对　340. B. 错　341. A. 对　342. A. 对

343. A. 对　344. A. 对　345. A. 对　346. A. 对　347. A. 对　348. A. 对

349. B. 错　350. B. 错　351. B. 错　352. B. 错　353. B. 错　354. A. 对

355. A. 对　356. A. 对　357. B. 错　358. B. 错　359. B. 错　360. A. 对

361. B. 错　362. B. 错　363. A. 对　364. A. 对　365. B. 错

四、单项选择题答案

1. B. 听　2. C. 新装或未用过的　3. C. 小于0.5 MΩ　4. C. 场效应管

5. C. 与电压方向相同　6. C. 使静电沿绝缘体表面泄漏　7. C. 提高机械强度

8. C. 绝缘子　9. C. 接地装置　10. B. 稍大　11. A. 防爆型　12. A. 安全带

13. C. 白底红边黑字　14. A. 公安机关　15. A. 充分放电　16. B. 远大于　17. C. 电动式

18. C. 1 000 ~ 2 000　19. A. 非自动切换　20. B. 经济　21. C. 250　22. B. 熔断器

23. A. 接地　24. C. 防爆型　25. B. 30%　26. B. 并联　27. B. 100 W及以上

28. B. 绝缘工具　29. B. 45°　30. A. 接地　31. B. 4 ~ 7　32. A. 等于零

33. B. 最大值、频率、初相角　34. B. ⏚　35. B. 90

36. C. 自动空气开关　37. C. 直径　38. C. 热辐射　39. C. 基本

40. B. 人体载荷冲击试验　41. B. 电磁式　42. A. 磁电式　43. A. 单相

44. B. 4　45. C. 脱扣　46. A. 自耦变压器　47. B. 600万 ~ 1 000万次　48. A. 正比

49. A. 二氧化碳灭火器　50. C. 反向击穿状态　51. A. 100　52. B. 淡蓝色　53. B. 3

54. A. 25　55. A. 220　56. B. 辅助　57. B. 6　58. B. 逐渐回摆　59. B. 电磁式

60. A. 测量电路　61. B. 胸外心脏按压法　62. A. 类型　63. C. 漏电保护

64. B. 安秒特性　65. B. 两　66. B. 单相三线制,三相五线制　67. B. 完全不同

68. B. 10 ~ 30 Ω　69. C. 2/3以上　70. A. "已接地"　71. B. 短路状态

72. A. 喷雾水枪　73. B. 120 r/min　74. A. 500 V　75. B. 散热条件

76. C. 靠近支持物负载侧　　77. B. 从此上下　　78. C. 强制性　　79. A. 2 m

80. C. 特种作业人员操作证　　81. B. 防护式　　82. C. 隔离环　　83. C. 三个

84. B. 串电阻降压　　85. C. 用压缩空气吹或用干布抹擦　　86. C. 右手螺旋法则

87. C. 高压输电线路　　88. B. 相同　　89. C. 双重　　90. A. 白炽灯　　91. B. 验电

92. A. 工作许可制度　　93. C. 25　　94. B. 整流装置　　95. B. 满量程　　96. B. 跨步电压

97. A. 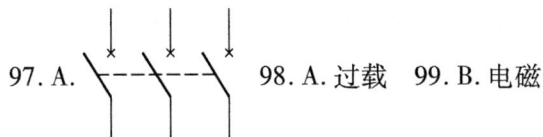　　98. A. 过载　　99. B. 电磁

100. A. 并联　　101. C. 穿钢管　　102. A. 铜线与铝线铰接　　103. A. 交流电压的最高挡

104. A. 磁电系仪表　　105. A. 防雨　　106. A. 统一编号　　107. B. 两相绕组

108. A. 全电路欧姆定律　　109. A. 电磁力　　110. C. 过载和短路

111. C. 3　　112. B. 相线　　113. A. 25　　114. C. 静止　　115. C. 兆欧

116. B. "L" 接在电动机出线的端子，"E" 接电动机的外壳　　117. B. 两相

118. A. 外界输入信号（电信号或非电信号）　　119. B. 串联　　120. A. 低压控制

121. C. 整流系仪表　　122. C. 无触点开关　　123. A. 选择合理的测量方法

124. C. 提示标志　　125. C. 防水电缆线　　126. A. 接地　　127. B. 三级　　128. B. 45°

129. B. 改善劳动条件　　130. B. 星形接法　　131. A. 允许输出　　132. C. 定子铁芯

133. B. 小于　　134. C. 楞次定律　　135. A. 磁力　　136. B. 其总长度为 150 mm

137. A. 1.3　　138. A. 18　　139. A. 并联　　140. C. 温度　　141. A. 0.4　　142. C. TN - S

143. B. 医学决定　　144. C. 报警装置　　145. B. 9　　146. C. 黄绿双色

147. B. 牢固可靠　　148. B. 锡焊　　149. B. 提高功率因数　　150. A. 磁电式

151. B. 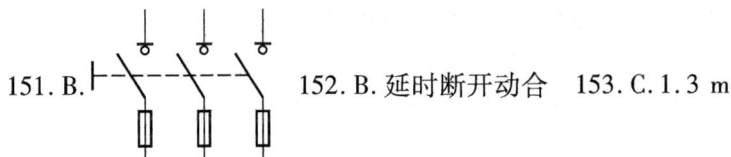　　152. B. 延时断开动合　　153. C. 1.3 m

154. C. 因为电流过大，电压过高　　155. B. 敷设的方式　　156. C. PEN 线　　157. C. 防爆式

158. B. 体外心脏按压法　　159. C. 120　　160. B. 相线断线　　161. C. 黄绿双色　　162. A. 法

163. B. 兆欧表　　164. C. 1/20　　165. C. 重复接地　　166. A. 1.5 h

167. B. 执行制度严肃性　　168. C. 触电危险性大的危险环境　　169. B. 电磁系

170. B. 有功功率/视在功率　　171. B. 有人监护　　172. B. 纯电感　　173. B. 大　　174. C. 0

175. B. Ⅱ 类　　176. A. 2　　177. C. 电阻　　178. C. 正极　　179. A. 电烧伤　　180. A. 迅速拉开

181. B. 一年　　182. C. 直接　　183. A. Ⅰ 类手持式电动工具　　184. C. 跨步电压触电

185. B. 100 Ω　　186. B. 均匀　　187. C. 空气　　188. A. 有效值　　189. A. 线电压

190. C. Ⅲ 类　　191. B. 先退出导线，再转动量程开关　　192. C. 1 000　　193. B. 防潮灯

194. C. 电动系　　195. A. 储存　　196. A. 1　　197. A. 白底红字　　198. B. 不带电

199. B. 行程开关　　200. C. 电流过大　　201. A. 2 m　　202. A. 接闪器　　203. C. 绝缘电阻

204. A. 复苏体位　　205. B. 焊接连接　　206. B. 半年一次　　207. B. 380 V　　208. B. 有效值

209. A. ±5%　　210. C. 零火线直接接通　　211. A. 高挂低用　　212. A. 电流互感器

213. B. 最高　　214. A. 短路　　215. B. 不同相线在不同位置剪断　　216. B. 照明问题

217. B. 第二种　218. A. 红色　219. C. 阻值越大两端电压越高　220. C. 绝缘棒

221. B. 带电荷合闸　222. A. Ⓐ　223. B. 电源

224. B. 促进社会稳定　225. C. 30 m　226. A. 7　227. A. 有爆炸性混合物存在

228. B. 2 MΩ　229. A. 切断电源　230. A. 灯泡　231. C. 为零　232. B. 短路

233. C. 50　234. C. IP44　235. B. 避雷带　236. C. 10　237. B. 铜　238. C. 3

239. A. 两端都可　240. B. 3　241. B. 60　241. B. 60　242. A. 电流互感器

243. C. 不断开　244. B. 触点系统　245. A. 低压小电流电网　246. B. 5　247. C. 小于

248. C. 电动式　249. A. ⊐⊐⊐⊐⊢　250. A. 每月一次

251. A. 直接原因　252. A. 工作接地　253. C. 不宜过于频繁　254. A. 定子

255. B. 电缆　256. A. 气体放电　257. C. 1 000　258. B. 0　259. C. 过载

260. C. 扩大停电范围　261. B. 1 Ω～10 MΩ 电阻　262. B. 等于

263. B. 迅速设法切断电源　264. B. 红色　265. B. 集电区　266. A. 内电路

267. A. 电压线圈　268. A. 1　269. B. 钢绞线　270. C. 必须在电动机完全停转后才

271. C. 反力系统　272. B. 两相触电　273. B. 8～10 m　274. A. 严禁的　275. B. 绕向

276. B. 黄色　277. A. 漏电断路器　278. B. 不允许　278. B. 不允许　279. B. 垂直

280. A. 零线　281. B. 钻研技术　282. B. 辅助安全用具　283. A. 同相位

284. C. 应采用封闭措施或加护罩　285. C. 接地电阻　286. C. 地线

287. A. 接触器　288. A. 1.5 倍　289. C. 送电　290. A. 发热

291. C. 相线与中性线之间的电压　292. B. 大于等于 1 MΩ

293. C. 降低启动电压　294. C. 6　295. B. 避雷器　296. B. 正比

297. C. 直击雷　298. C. 数字　299. A. ⊏□⊐

300. B. 拉开断路器或者磁力开关　301. B. 1/2　302. B. 导体　303. C. 接地电阻

304. A. 通电转动　305. A. 中心端子　306. C. 电能　307. B. 1.1

308. B. 灯泡忽明忽暗　309. A. 线电压　310. B. 下端　311. C. 泡沫覆盖

312. A. 导线截面选择不当　313. C. 触头、接触点电阻变大引起功耗增大

314. B. 外壳防护方式　315. B. 500　316. B. 20　317. C. 直流　318. B. 短路

319. C. 钳住被测导线　320. B. 定子　321. B. 4　322. C. 三相

323. B. 直流发电机　324. A. 电压超前电流　325. B. 30　326. A. 电源电压

327. C. 4　328. A. 外力(如手控)　329. B. 星形

第四部分　低压电工作业安全技术实际操作考试题目汇编

一、安全用具正确使用

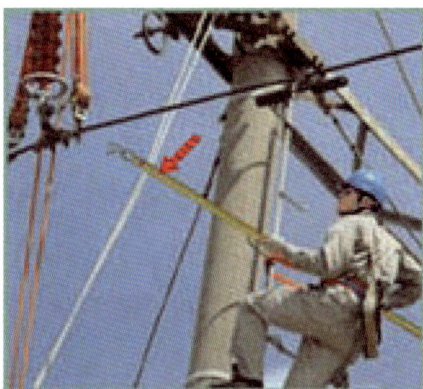

- 绝缘杆√
- 可用于高压线路的拆、装跌落熔断器等 √
- 必须选择适用于操作设备的电压等级√
- 绝缘夹钳

- 绝缘手套√
- 绝缘罩
- 在高压线路中可作为基本安全用具
- 必须正确选择绝缘电压等级√

- 高压验电器√
- 低压验电器
- 天气湿度较大一般能使用
- 雨天不能使用√

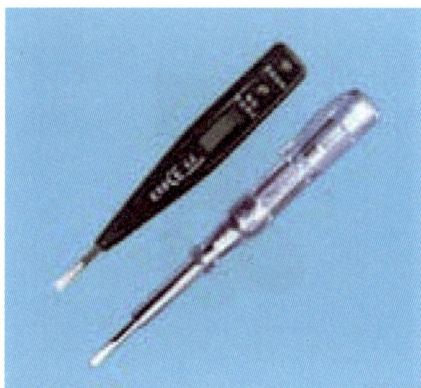

- 低压验电器√
- 电笔√
- 安全辅助用具
- 测量 500 V 以下线路√

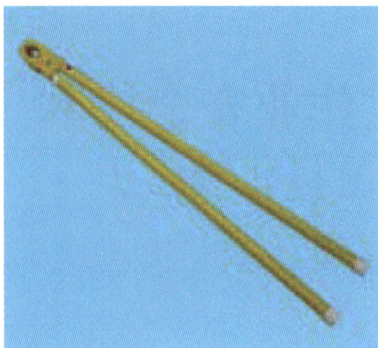

- 绝缘夹钳√
- 绝缘杆
- 基本安全用具√
- 安全辅助用具

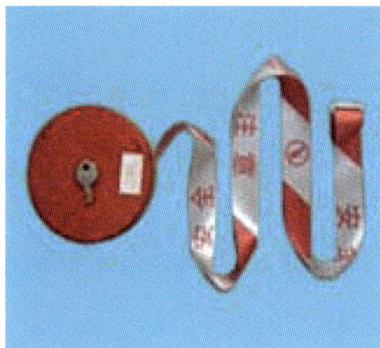

- 警戒带√
- 基本安全用具
- 安全辅助用具
- 在施工时用于划分警戒区域√

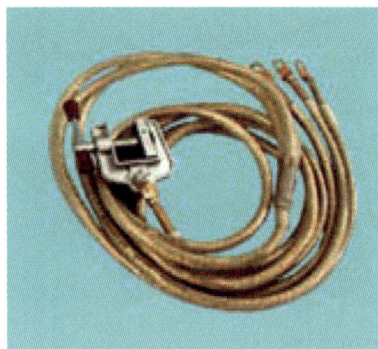

- 临时接地线√
- 使用时,先挂接地端√
- 后挂线路端√

- 绝缘垫√
- 加强作业人员对地的绝缘√
- 防止接触电压和跨步电压√
-

- 绝缘靴√
- 加强作业人员对地的绝缘,防止跨步电压√
- 雨鞋
- 在绝缘靴的明显处要有使用周期及保养日期√

- 绝缘鞋√
- 加强作业人员对地的绝缘,防止跨步电压√
- 安全辅助用具√
- 在绝缘鞋的明显处要有使用周期及保养日期√

· 绝缘台√

· 绝缘脚的高度不低于 **100 mm**√

· 绝缘台可使用无节疤的木材和优质绝缘尼龙
材料制成√

· 安全辅助用具√

· 工作人员上下的铁架、梯子上

· 室外和室内工作
地点或施工设备上

· 室外工作地点的围栏上

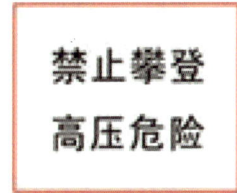

· 运行中变压器的梯子上

· 一经合闸即可送到
施工设备的开关和
刀开关操作把手上

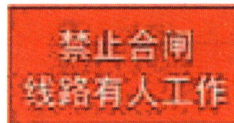

· 线路开关或者
刀开关把手上

· 已接地的隔离
开关操作把手上

二、触电急救

· 中性点直接接地系统的单相触电√
· 中性点不接地系统的单相触电
· 两相触电
· 系统中若安装漏电保护器,可防止这类触电的发生√
· 天气干燥这类触电没有危险性

· 中性点直接接地系统的单相触电
· 中性点不接地系统的单相触电√
· 接触电压触电
· 系统中若安装漏电保护器,可防止这类触电的发生√
· 装漏电保护器要定期检验其可能性√

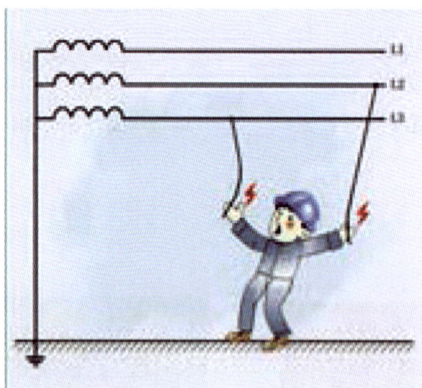

· 两相触电√
· 单相触电√
· 跨步电压触电√
· 系统中若安装漏电保护器,可防止这类触电的发生√
· 防止触电最好办法是严格遵守电工的安全工作规程

· 接触电压触电
· 中性点不接地系统的单相触电
· 跨步电压触电√
· 穿绝缘靴可以防止这类触电√
· 防止触电最好办法是严格遵守电工的安全工作规程√

- 中性点直接接地系统的单相触电
- 中性点不接地系统的单相触电
- 接触电压触电√
- 戴绝缘手套可以防止这类触电√
- 若设备接地,这类触电就可避免

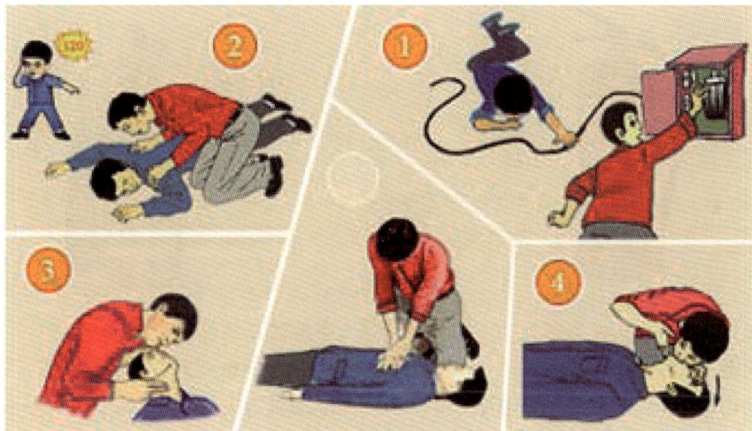

・触电急救:有心跳,无呼吸。

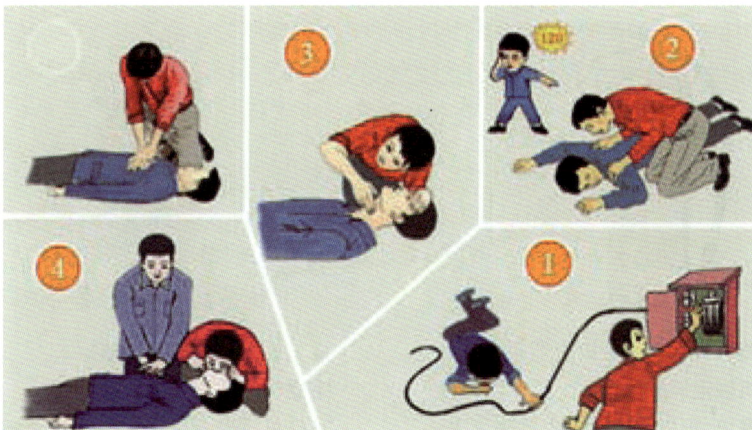

・触电急救:无心跳,无呼吸。

·触电急救:无心跳,有呼吸。

三、消防器材

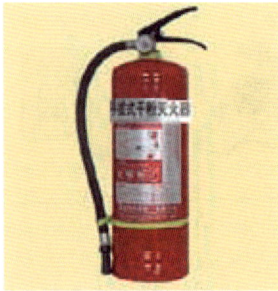

·干粉灭火器√

·泡沫灭火器

·来不及断电时,这个灭火器可带电灭火√

·**1211灭火器**

·发电机着火,可以用这个灭火器来灭火√

·手提式二氧化碳灭火器√

·手提式干粉灭火器

·电动机着火,可以用这个灭火器来灭火√

·来不及断电时,这个灭火器可带电灭火√

·泡沫灭火器

·油脂类着火可以用这个灭火器来灭火√

·手提式机械泡沫灭火器√

·发电机着火,可以用这个灭火器来灭火

·来不及断电时,这个灭火器可带电灭火

·手提式干粉灭火器

·推车式机械泡沫灭火器√

·手提式机械泡沫灭火器

·发电机着火,不宜用这个灭火器来灭火√

·来不及断电时,这个灭火器可带电灭火

·推车式干粉灭火器

四、隐患查找

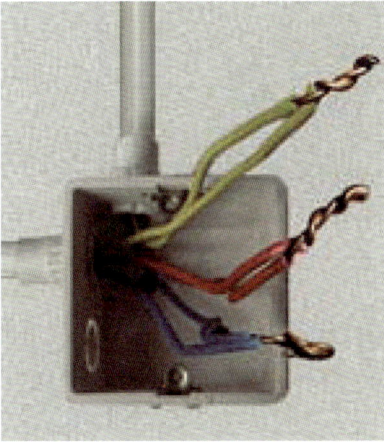

· 两根导线连接不牢固,容易使导线发热√
· 绝缘层破损,而且插座离地高度不对 ×

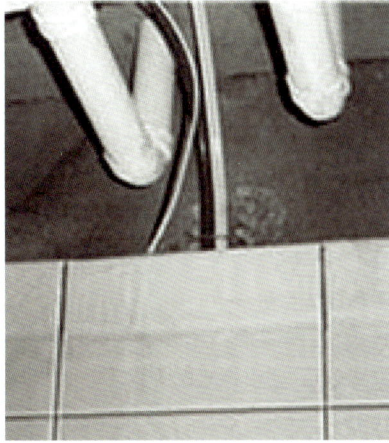

· 护套线严禁直接埋在粉层墙内,应加保护管√
· 护套线明线敷设时,应用线卡来固定√

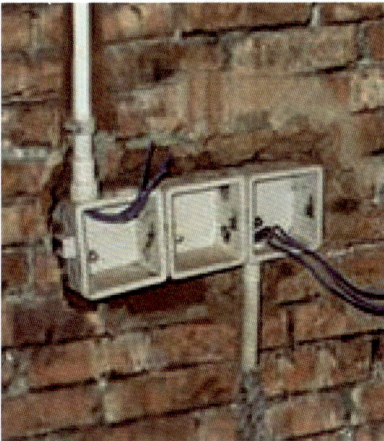

· 在敷设暗盒中,导线没有明显区
别相线、零线、接地线的颜色√
· 暗盒中的导线都是相线 ×

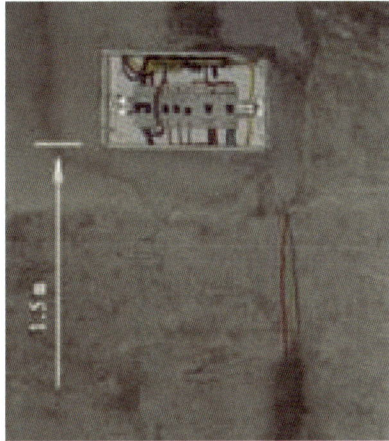

· 电线直接敷在墙内不穿保护管,易发生漏
电、触电事故√
· 开关箱安装位置太低,容易引发安全事
故 ×

· 只要导线绝缘强度高,在天花板中可以不用电线穿管。×

· 接线、走线不规范不要紧,只要灯亮不发生触电、漏电事故就可以了。×

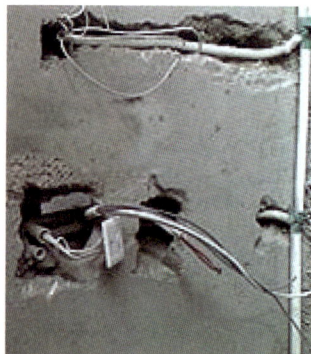

· 电线穿管内的电线总截面积超过了该管的 **40%**。√

· 电线穿管接口极不规范。√

· 护套管和接线盒连接处没有连接牢固,有间隙。·√

· 接地线不应该进入接线盒。×

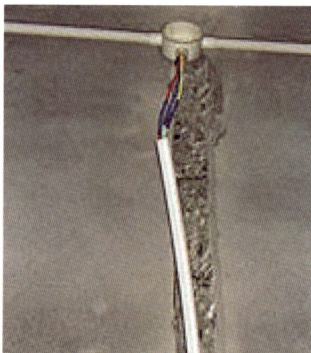

· 电线在护套管内有接头,容易发生安全事故。√

· 护套管和接线盒连接处没有牢固密封。√

· 接线盒电线穿管内导线根数太多。√

· 接线盒内导线没有做标记,容易接线错误,引发安全事故。√

· 走线桥架出口的铁皮锋利边缘没有保护。√

· 电缆绝缘强度足够,问题不大。×

·临时电器控制箱上没有防雨装置,容易产生短路。√
·临时电器控制箱带病运行。√

·户外线路接线零乱,容易发生短路、过载等安全事故。√
·只要接线正确,绝缘强度达到要求,布线乱点,不会出安全隐患。×

·闸刀开关绝缘部分损坏,需要更换。√
·配电板上触电保护器被跨接,若触电保护器损坏应更换,并规范连接。√

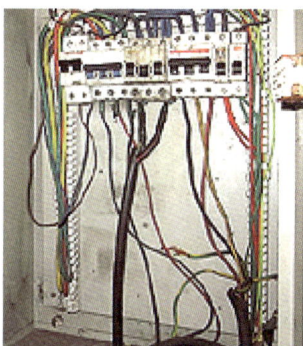

·开关箱内布线不规范,乱拉乱接,应立即整改。√
·开关箱内有接地线未接好,容易引发触电事故。√

·断路器中,电源并线颜色不统一,容易产生安全事故。√
·接线很规范没有问题。×

·空气开关下端出线的裸露部分过长,容易发生触电事故。√
·空气开关下端出线没有从每个出线口引出,会由过载而发生绝缘下降线路短路事故。√

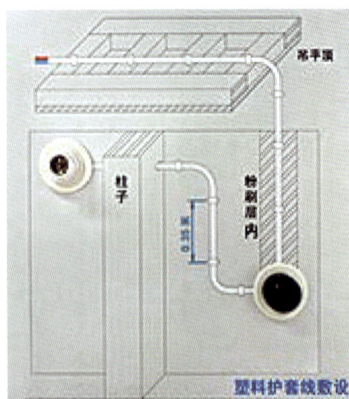

· 护套线直接放入吊平顶内（应加装保护管）√
· 护套线直接埋入粉层墙内（应加装保护管）√
· 护套线直接穿过墙壁（应加装保护管）√
· 护套线两个支点距离过大（支点距离应在 150～200 mm 范围内）√
· 电线埋入粉层墙内（按规定电线是不能埋入粉层墙内，只可敷设明线）
· 电线串过吊平顶内（电线是不能串过吊平顶内，只可敷设明线）

· 移动电具用双股塑料胶线当电源引线（应采用 3 芯绝缘橡皮电缆或护套软线）√
· 移动电具电源引线过长（移动电具电源线不得任意接长调换，并不得有接头）√
· 移动电具用双股塑料胶线当电源引线（应再加一根接地线再使用）
· 移动电具直接将导线插入电源（应维修好再使用）√
· 移动电具出线口没有护圈（加护圈保护）
· 移动电具直接将导线插入电源（应派人监护）

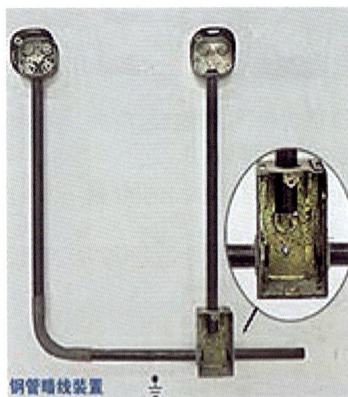

· 钢管暗线敷设时钢管无接地（钢管应接地）√
· 钢管暗线敷设时铁壳接线盒无接地（铁壳接线盒应接地）√
· 钢管暗线敷设时钢管管口无护圈（钢管管口加护圈）√
· 钢管暗线敷设时钢管管口与铁壳接线盒处无螺母固定（钢管管口应固定牢固）√
· 钢管管口没有密封（应密封）
· 铁盒接线盒没有密封（应密封）

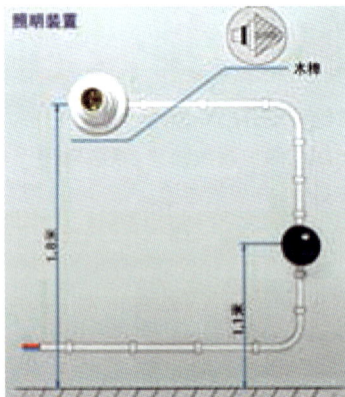

· 照明线路安装时壁灯安装用木榫（粉层墙照明灯固定不能使用木榫）√
· 照明灯具离地高度太低（在普通环境中安装高度不小于 2 m）√
· 明装照明灯平开关无绝缘平台（在安装开关时应加装绝缘平台）√
· 照明灯开关离地太低（一般离地高度为 1.3 m）√
· 护套线支持点距离过大（支持点距离应在 150～200 mm 范围内）
· 墙壁上安装照明灯（不能在墙上安装照明灯，应安装吸顶灯或吊灯）

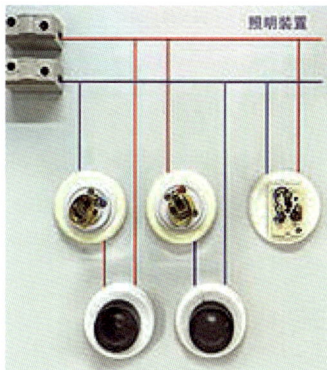

· 照明线路中插入式熔断器横装（熔断器应该垂直安装）√

· 第1个照明灯线路中性线接灯头中心端（中性线必须接螺纹端）√

· 第2个照明灯线路中开关串接在中性线上（开关中应串接在相线中）√

· 单相插座接地线与中性线并接（接地线应与中性线分开接）√

· 单相插座线路中没有安装开关（在相线中串接开关）

· 照明线路中零线安装熔断器（按规定零线不能安装熔断器,应拆除）

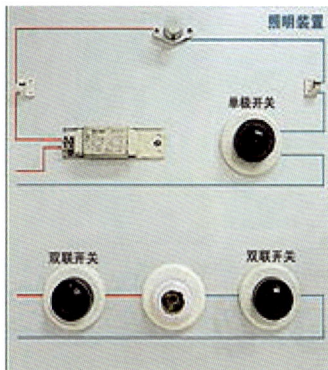

· 日光灯开关串接在中性线上（开关内应该串接在相线中）√

· 在两个开关控制一盏灯的线路中,接法错（应按双联开关接线法正确接线）√

· 在两个开关控制一盏灯的线路中,接法错（必须相线进开关）

· 在日光灯照明线路中,启辉器没有串接熔断器保护（应安装熔断器保护）

· 日光灯照明线路中镇流器的极性接线错（接线时注意极性）

· 两个开关控制一盏灯线路中不应使用双联开关（应使用单联开关）

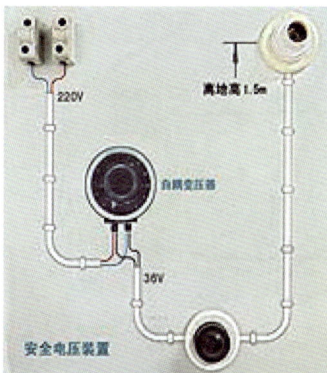

· 特低电压线路中使用自耦变压器（必须采用双线圈变压器,严禁用自耦变压器）√

· 特低电压变压器铁芯和外壳无接地（改用双线圈变压器,并且铁芯和外壳必须要接地）√

· 变压器回路中一次回路没装双极开关（应装双级开关保护）√

· 变压器回路中二次侧无熔断器保护（应装熔断器保护）√

· 照明灯具离地高度太低（特低电压灯离地高度不低于 2 m）

· 特低电压线路中变压器用自耦变压器（只能在普通环境中临时使用）

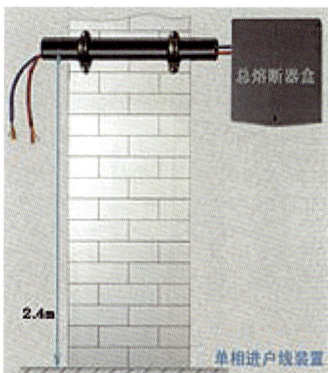

· 低压供电进户点距地高度错（应大于或等于 2.9 m）√

· 进户管与总熔丝盒分离（应加长进户管,伸入总熔丝盒内,管口加保护）√

· 进户线用软线（进户线必须采用铜芯绝缘导线）√

· 进户线截面过小（上海地区最小面积不小于 6 m²）√

· 低压供电进户点距地高度错（应等于 2 m）

· 进户管不应使用钢管（进户管应采用瓷管子或 PVC 管）

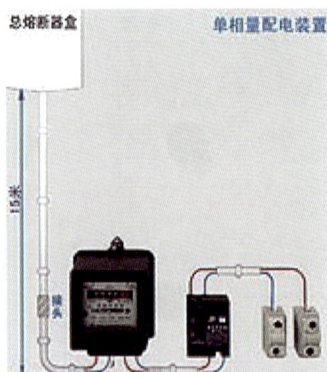

·总熔丝盒离电度表距离太远（长度应小于等于**10 m**）√

·电表总线中有接头（电表总线不允许有接头，应更换）√

·单相电度表接线错（应改为 **1,3** 进,**2,4** 出）√

·漏电开关接线错（应改为上进,下出）√

·总熔丝盒与电表之间没安装总开关（应加装总开关）

·电表总线中有接头（若有接头,必须加装保护管）

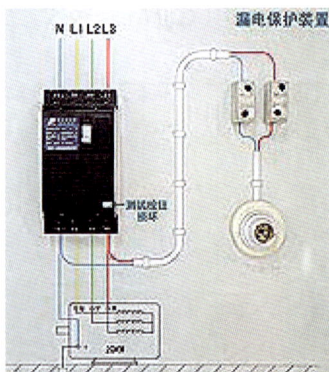

·动力、照明合用一台漏电保护装置（动力和照明应分别用漏电保护装置）√

·重复接地接在漏电保护装置出线端（应接在进线端）√

·照明灯无开关控制（应加开关控制）√

·同一设备又接零又接地（保护接零和保护接地只能使用一种）

·漏电保护装置测试按钮损坏（更换漏电保护装置）√

·动力线路中不能漏电保护装置（只能在照明线路中使用）

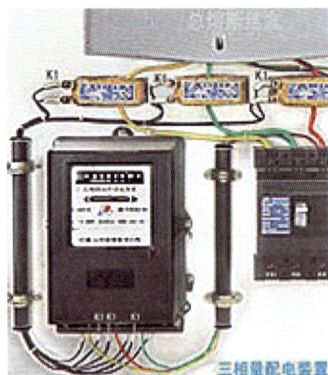

·电流互感器二次侧没接地（电流互感器二次侧必须要接地）√

·**L1** 相电流互感器连接电度表错（控制线路中 **K1**、**K2** 位置接错）√

·**L2**、**L3** 相序连接错（三相导线的颜色排序错）√

·三相四线电度表没接中性线（必须要接中性线）√

·空气开关前没有明显断开点（必须有明显断开点）

·电流互感器中没有串接熔断器（必须串接熔断器后再接入电度表）

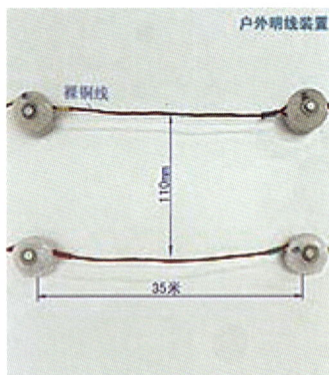

·户外明线用裸线（应用塑料绝缘导线）√

·户外明线拦距过大（应小于或等于 **25 m**）√

·线间间距过小（**150 mm**）√

·绑扎线使用绝缘导线（应使用绝缘材料带绑扎）

·户外明线档距过大（应小于或等于 **10 m**）

·导线截面选择太细（应不小于 **4 m²**）

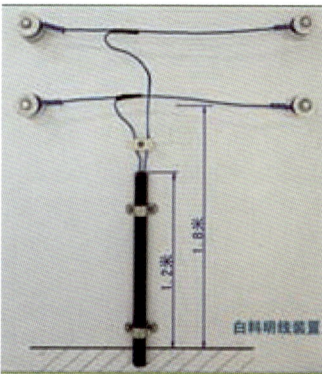

· 垂直敷设距地太低(1.8 m)√
· 保护管高度太低(1.5 m)√
· 十字交叉没穿保护管(加穿保护管)√
· 钢管没有护圈(应加护圈)
· 导线颜色没有区分(颜色要有区分)

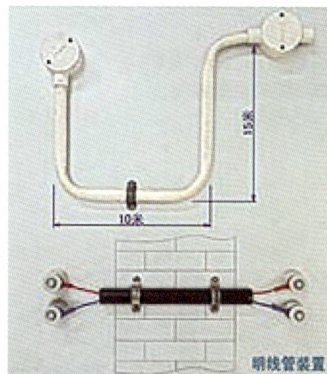

· PVC 管二个弯距离过长(15 m 处安装接线盒)√
· PVC 管三弯二端距离过长(8 m 处安装接线盒)√
· 瓷瓶有损坏(更换瓷瓶)
· 导线穿钢管颜色没有区分(颜色要有区分)
· 钢管管口无护套(管口应加护圈)
· 钢管穿管线路支持点距离过大(支持点距离应在 150 ~ 200 mm 范围内)√

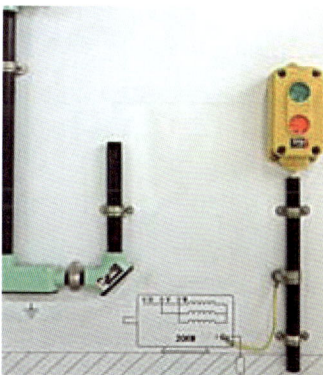

· 钢管与接线盒连接处没有密封(应使用涂漆和缠麻来密封)
· 防爆线路中钢管与按钮开关盒连接处没密封(应密封)√
· 防爆线路中的穿线管不能用钢管(应使用 PVC 管)
· 钢管接地与电机接地串接(要分开接地或者并联接地)√
· 钢管与接线盒连接处没有密封(应使用防爆泥胶来密封)√
· 钢管没有连续接地(加装接地)√

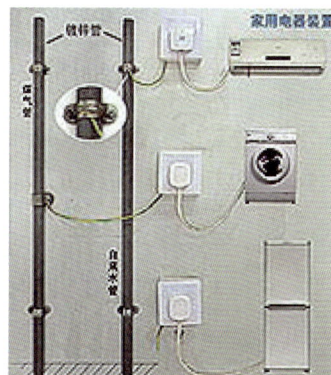

· 空调接自来水管地线用缠绕的方式接地(接地线必须可靠接地)√
· 洗衣机接地接煤气管(不允许,应在接地装置上)√
· 冰箱没接地(不允许,应接在接地装置上)√
· 家用设备电源插座不符合安全要求(应选用 16 A 插座)
· 空调通过自来水管来接地(不允许,应接在接地装置上)
· 洗衣机接地接煤气管(不可以,洗衣机允许不接地)

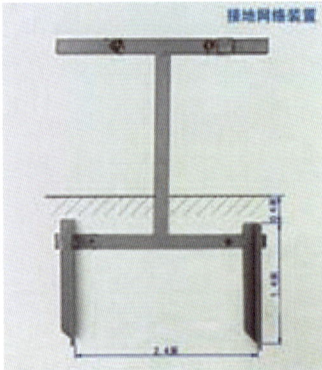

· 接地装置扁铁应搭接(扁铁应该对接)
· 扁铁焊接面过少(扁铁对接至少三个焊接面)√
· 两接地体间距过近(不小于 5 m)√
· 接地体埋入深度过浅(1.5 m)
· 接地体长度不够(不小于 2.5 m)√
· 接地体涂漆(不允许)√

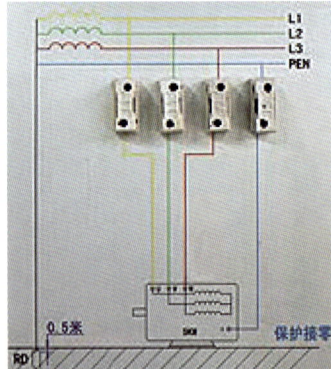

· 保护接零线装熔断器(保护零线、接地线不允许装熔断器)√
· 电源进线相序错(应红、绿、黄)
· 变压器中性点接地体顶端距地过近(1.5 m)√
· 电动机接地线接在熔断器上(应接到接地装置上)√
· 接地体埋入深度过浅(0.6 m)
· 电动机没有开关控制(加装开关控制)√

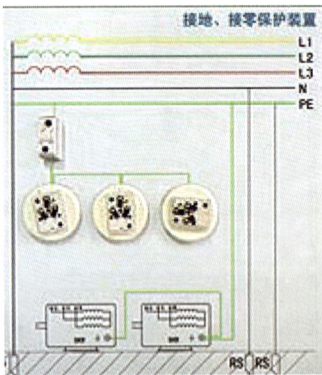

· 单相插座接地线串接(不允许,应并接)√
· 接地线接熔断器(接地线不允许装熔断器)√
· 电动机接地线串接(不允许应并接)√
· 单相插座接线错误(应中性线进左相右零)
· 插座安装位置太低(0.25 m)
· 熔断器额定电流太小(应使用符合线路要求的熔断器)

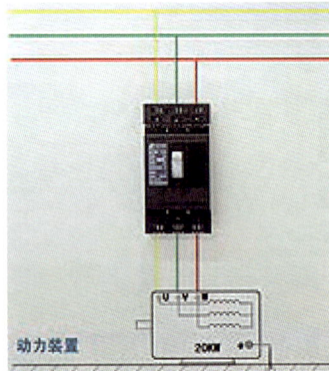

· 16 A 断路器控制 20 kW 电机(不允许)√
· 电动机使用场合不符(应选防爆电动机)
· 防爆场所导线没穿钢管(应选钢管)
· 20 kW 电机无过载保护(加过载保护)√
· 20 kW 电机直接启动(不允许)√
· 20 kW 电机无短路保护(加短路保护)√

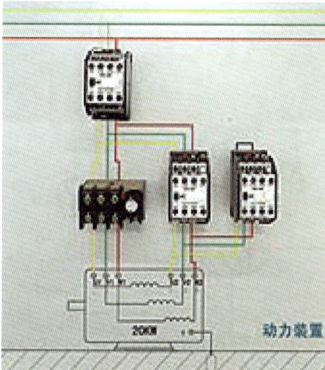

・接触器容量过小（更换相匹配的接触器）√
・三角形接线错（更正）√
・星形接线错（更正）√
・热继电器容量过小（更换相匹配的热继电器）√
・电机控制主回路相序错（黄、红、绿）
・热继电器安装时倒装（更正）

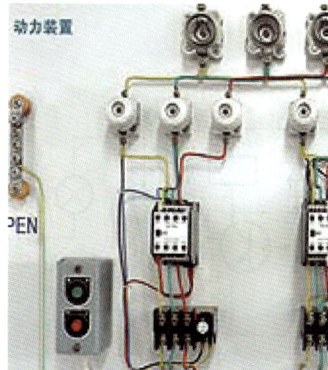

・铁壳按钮盒外壳无接地（加装接地）√
・最上面一组螺旋式熔断器，中间一只倒装（应更正）√
・一组热继电器接常开触点（应接常闭触点）√
・热继电器调节按钮损坏（更换热继电器）
・接触器外壳有破损（应用相应绝缘等级的材料，恢复绝缘）
・最上面一组螺旋式熔断器，第一、三只倒装（应更正）

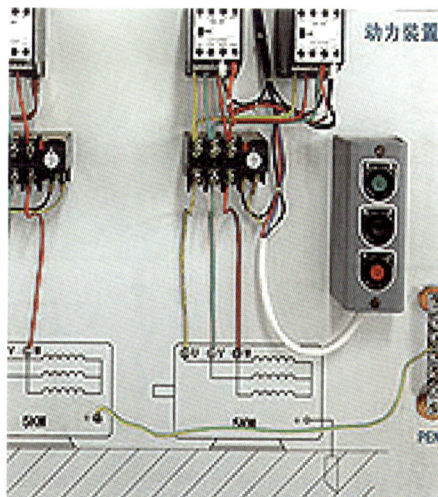

・接地线采用绕圈接线，有松动（接地应牢固可靠）√
・按钮盒外壳无接地（加装接地）√
・热继电器容量过小（更换相匹配的热继电器）
・控制线路中，没有短路保护（加短路保护）
・电动机使用场合不符（应选防护式电动机）
・一组热继电器接常闭触点（应接常开触点）

五、电气材料与符号

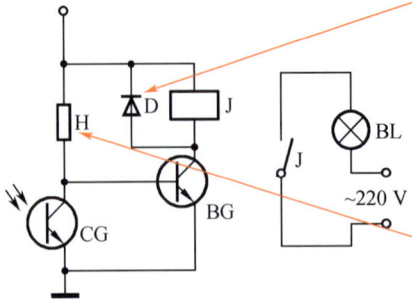

· 半导体二极管
· 电阻器

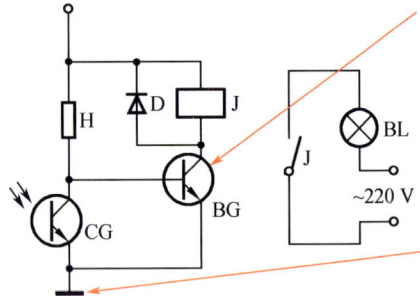

· NPN 半导体三极管
接机壳

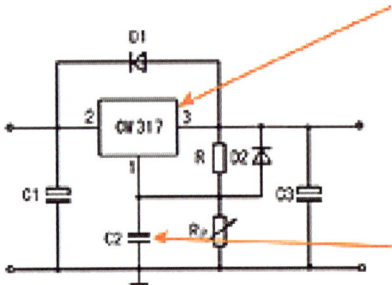

· 三端集成稳压器
· 电容器

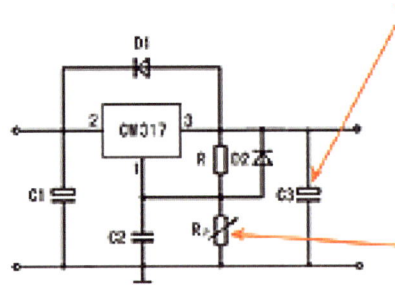

· 极性电容器
· 可变电阻器

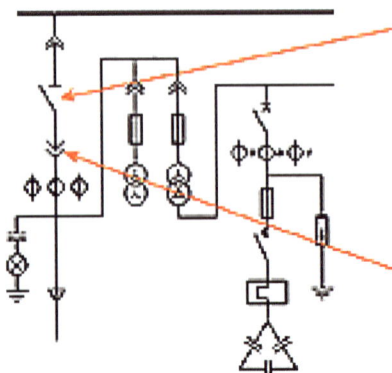

· 隔离开关
· 插头和插座

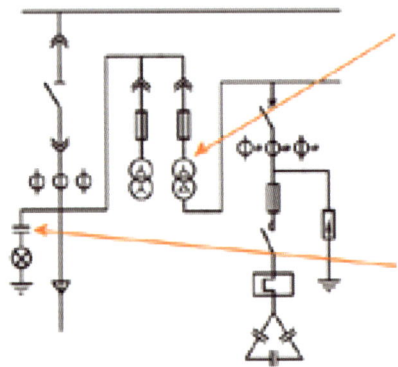

· 三相变压器
· 电容器

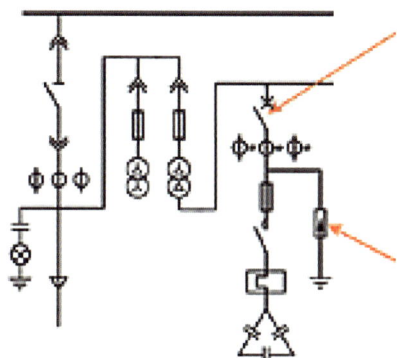

· 断路器
· 避雷器

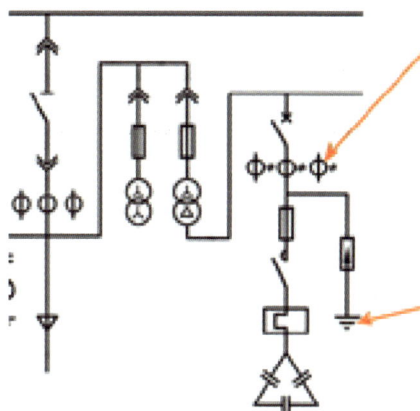

· 电流互感器
· 接地一般符号

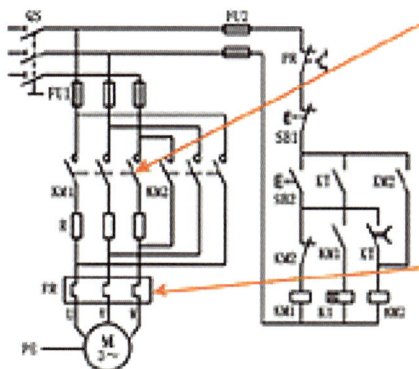

· 接触器(非动作位置触点断开)
· 热继电器的驱动元件(热元件)

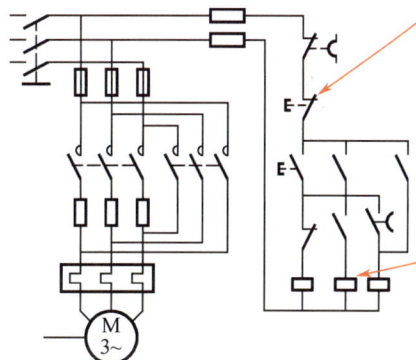

· 动断(常闭)按钮开关
· 缓慢吸合继电器线圈

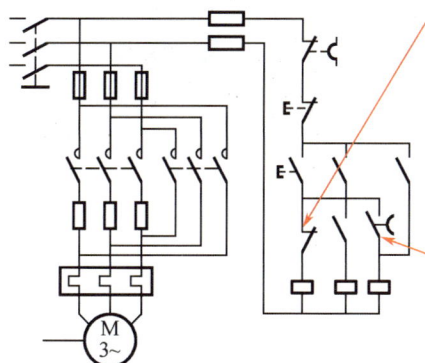

· 动断(常闭)触头
· 延时闭合的动合触头

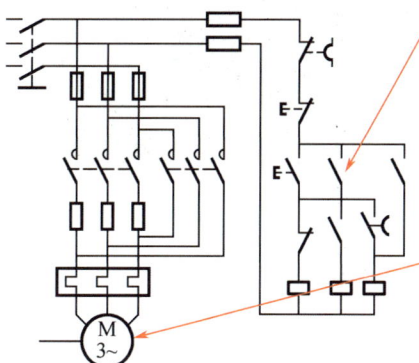

· 动断(常闭)按钮开关
· 三相笼型异步电动机

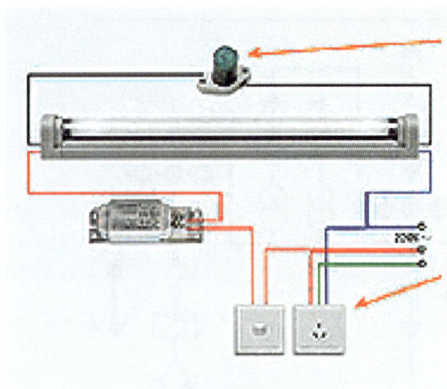

·启辉器
·单相 **220V** 三孔插座

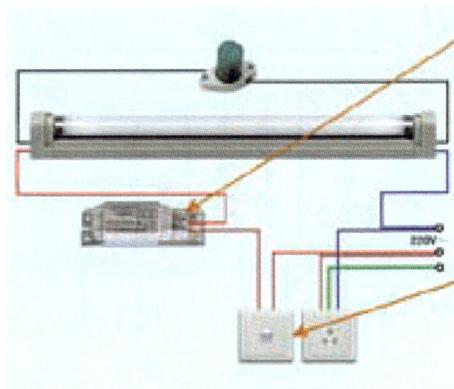

·日光灯镇流器
·**86** 型面板开关

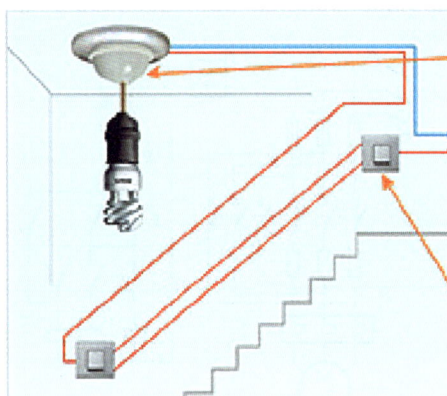

·线令

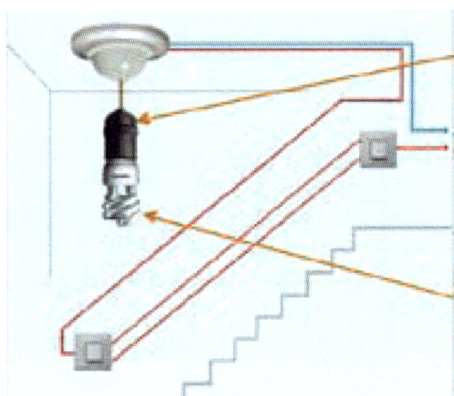

·塑料螺口灯座

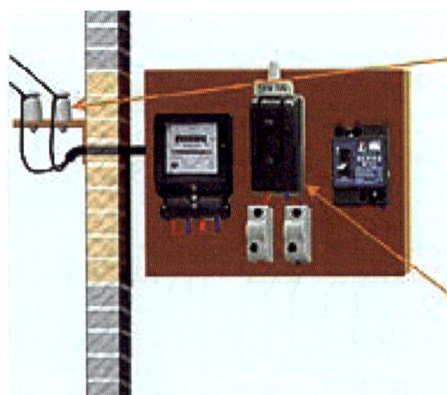

·瓷瓶
·单相瓷底胶盖闸刀开关

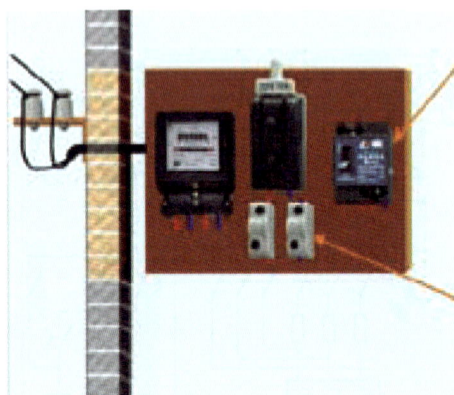

·漏电保护器
·瓷插式熔断器

·3P 低压断路器
·零线排

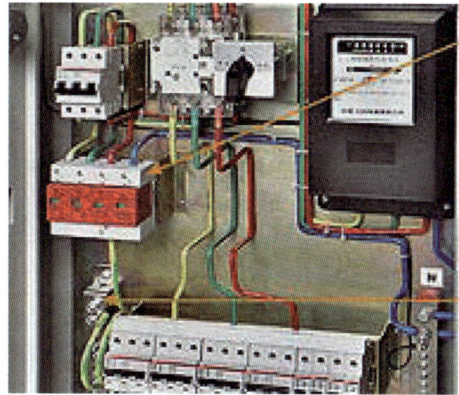

·避雷器
·接地排

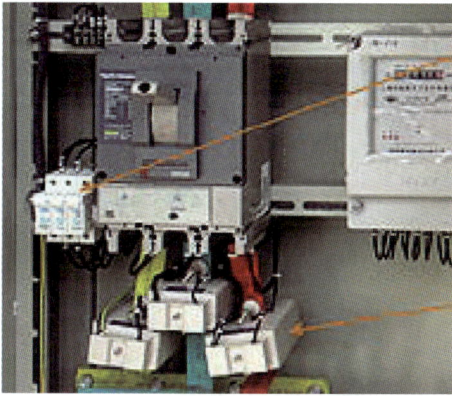

·摸数化熔断器
·电流互感器

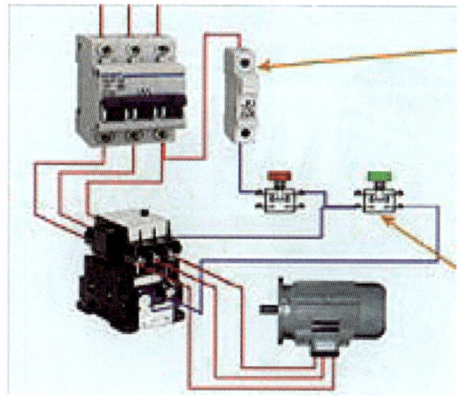

·模数化熔断器
·启动按钮

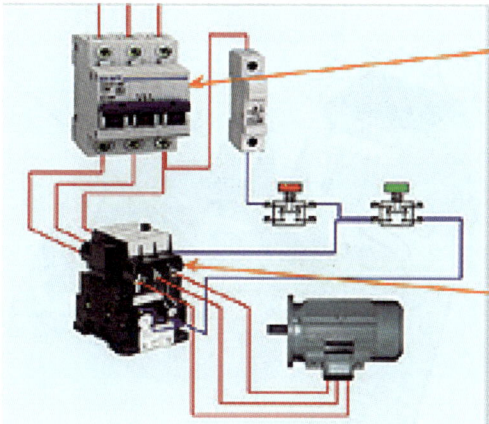

·三极塑壳式断路器
·交流接触器

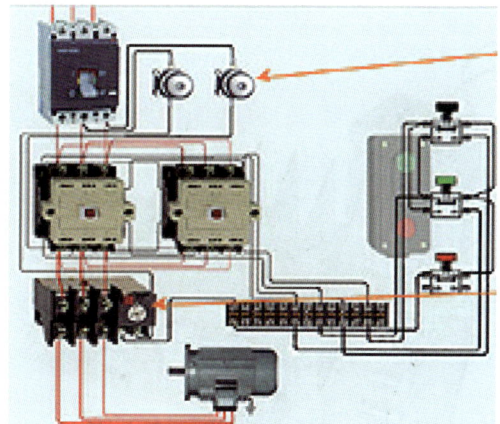

·螺旋式熔断器
·热继电器

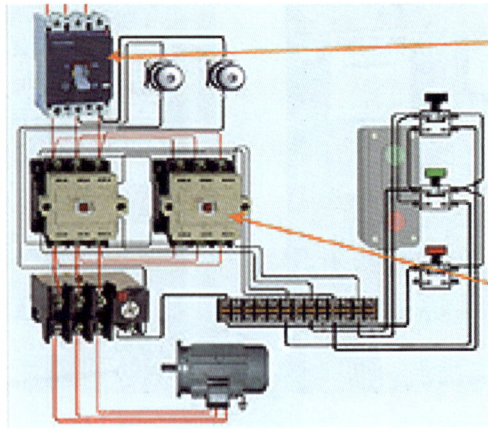

· 空气开关

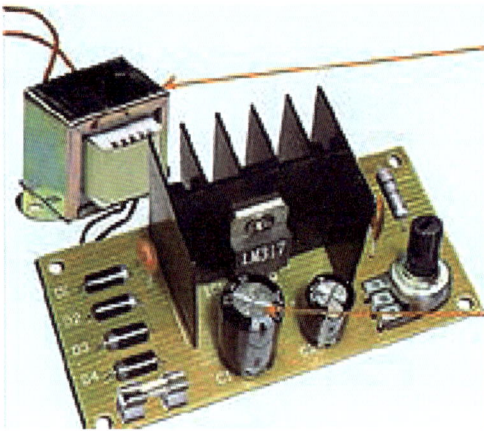

· 变压器
· 有极性电解电容器

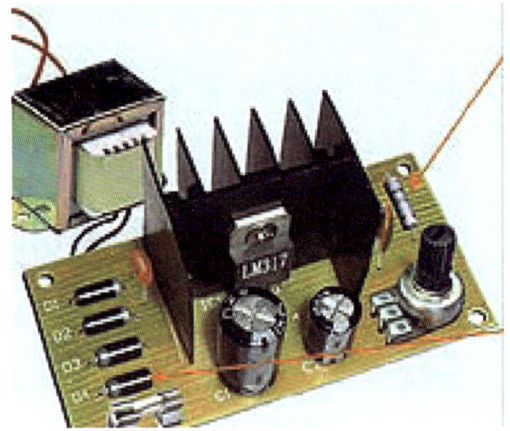

· 色环电阻
· 二极管

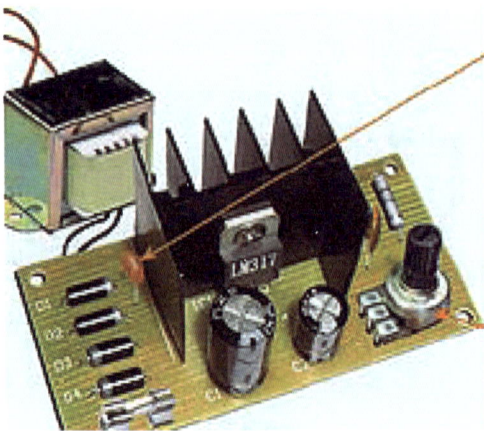

· 电容器
· 电位器

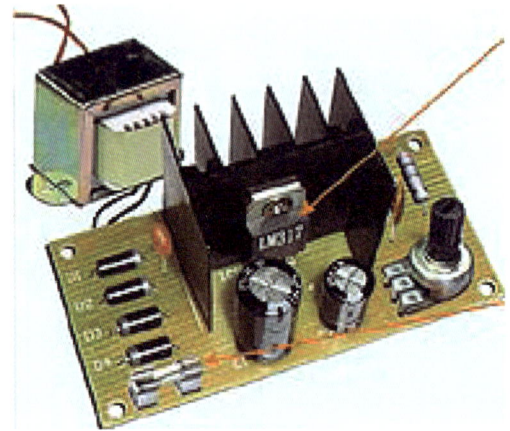

· 三端集成稳压器
· 管状熔断器

·声控开关

·86 型面板开关

·平开关

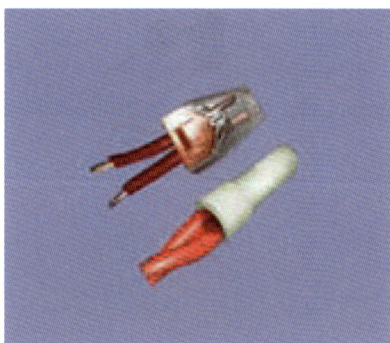

·接线夹头

·地板单相三眼插座

·行程开关

·三相四孔插头插座

·转换开关

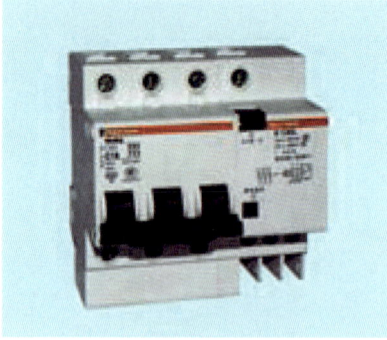

·带漏电保护断路器

·带漏电保护断路器

·星－三角启动器

·电磁启动器

·螺旋式熔断器

·有填料封闭式熔断器

·模数化熔断器

·中间继电器

·断相和相序保护器

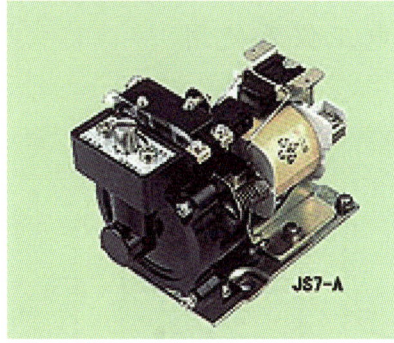

·空气阻尼时间继电器

·晶体管时间继电器

·高压电容器

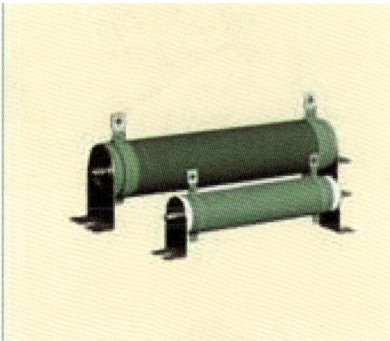

·珐琅电阻

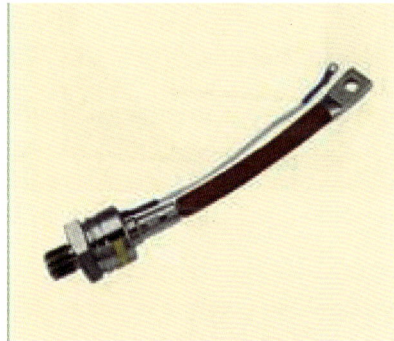

·晶闸管

·桥堆

·外附分流器

六、电工仪表使用

·电子式单相电能表

·三相四线有功电度表

·功率表

·钳型电流表

·数字式万用表

·兆欧表

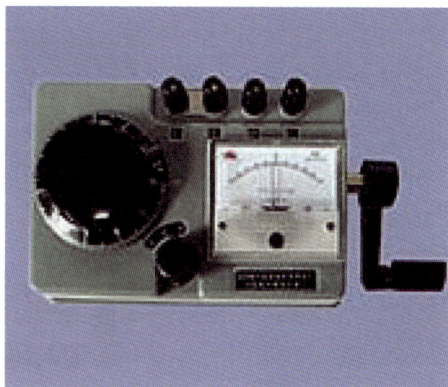

· 接地电阻测量仪

· 直流电流表√
· 测量时要注意正、负极性√
· 测量范围在 0 ~ 20 A√
· 测量时并联在线路当中

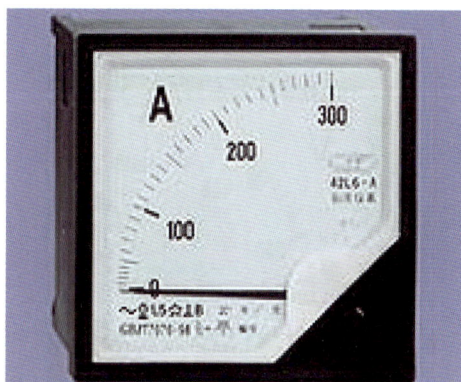

· 交流电流表√
· 测量时要注意正、负极性
· 测量范围在 0 ~ 300 A√
· 测量时串联在线路当中

· 直流电流表√
· 测量时要注意正、负极性√
· 测量范围在 0 ~ 50 A√
· 测量时串联在线路当中,并注意极性√

· 直流电流表
· 测量范围在 0 ~ 75 A√
· 测量范围在 0 ~ 75 MA
· 交流电流表√

- 交流电流表
- 测量时要注意正、负极性√
- 测量时串联在线路当中,并注意极性√

- 交流电压表√
- 测量时要注意正、负极性
- 测量范围在 0 ~ 450 V√

- 直流电压表√
- 测量时极性随便接
- 测量范围在 0 ~ 600 MV
- 测量范围在 0 ~ 600 V√

- 交流电压表√
- 测量时极性随便接√
- 测量范围在 0 ~ 300 V√
- 测量时并联在线路当中√

- 直流电压表√
- 交流电压表
- 测量时要注意正、负极性√
- 测量时串联在线路当中√

- 电压表√
- 电流表
- 测量范围在 0 ~ 400 V√
- 测量范围在 0 ~ 400 MV

第五部分　附　录

附录 A　常用图形符号和文字符号

表 A-1　常用电气形符号（摘录 GB4728）

项目	种类	新国标符号 GB4728—84～85		旧国标符号 CB312—64	
		名称	图形符号	名称	图形符号
符号要素	轮廓和外壳	元件	▭		
		装置	▭		
		功能单元	○		
		边界线	— · — · —		
		屏蔽护罩	⌐ ⌐		⌐ ⌐
限定符号	电流和电压的种类	直流	或 ----	直流电	—
		交流	∼	屏蔽	∼
		低频（工频或亚音频）	∼	交流电	∼
		中频（音频）	≋	工频	≋
限定符号	电流和电压的种类	高频（超音频、载频或射频）	≈	超音频、载频及射频	≈
		交直流	∼	交直流电	∼
		具有交流分量的整流电路	∼	脉动电流	∼

表 A - 1(续)

项目	种类	新国标符号 GB4728—84 ~ 85		旧国标符号 CB312—64	
		名称	图形符号	名称	图形符号
限定符号	电流和电压的种类	中性(中性线)	N	中性线	N
		气中间线	M		
		正极	+	正极	+
		负极	—	负极	—
限定符号	可变性	非内在可变性		调节	
		预调、微调 仅在 I = 0 时允许预调	I=0	微调	
	效应或相关性	热效应			
		电磁效应			
		磁场效应或磁场相关性	×		
		延时、延迟	⊢—⊣		
	辐射	非电离的电磁辐射			
		非电离的相干辐射			
		电离辐射			
常用的其他符号	机械控制	机械的连接 气动的连接 液压的连接	形式1 形式2	非电的链接 (机械链接)	形式1 形式2
		具有力或运动指示方向的机械连接			
		具有指示旋转方向的机械连接			
		延时动作	形式1 形式2	延时动作	形式1 形式2

表 A-1(续)

项目	种类	新国标符号 GB4728—84～85		旧国标符号 CB312—64	
		名称	图形符号	名称	图形符号
常用的其他符号	机械控制	自动复位		手动复位的手动控制	
		定位			
		两器件间的机械连锁			
		紧急开关（蘑菇头安全钮）			
	操作件和操作方法	一般情况下手动控制		手动控制	
		受限制的手动控制			
		拉拔操作			
		旋转操作			
		推动操作			
		过电流保护的电磁操作			
		电磁执行器操作			
		热执行器操作	θ		
	非电量控制	温度控制	p		
		压力控制	n		
		转速控制			
		液位控制			
		计数控制			
		流体控制			

表 A – 1（续）

项目	种类	新国标符号 GB4728—84～85		旧国标符号 CB312—64	
		名称	图形符号	名称	图形符号
常用的其他符号	接地、接地机壳和等电位	接地一般符号		（1）一般符号 （2）导线（或电缆接地） （3）母线接地 （4）机壳接地 （5）屏蔽接地	(1) (2) (3) (4) 或 (5)
		无噪声接地 （抗干扰接地）			
		保护接地			
		接机壳或 接底板	形式1 形式2	接机壳 （1）一般符号 （2）导线接机壳	(1) 或 (2) 或
		等电位		（3）屏敲接机壳	
	其他	故障（用以表示 假定故障位置）		绝缘击穿的 一般符号	
		闪烁、击穿			
		导线间绝缘击穿		导线（或母线） 间对机壳 绝缘击穿	
		导线对机壳 绝缘击穿	形式1 形式2	导线对机壳 绝缘击穿	
		导线对地 绝缘击穿		导线（或母线）对地 绝缘击穿	

表 A - 1(续)

项目	种类	新国标符号 GB4728—84~85		旧国标符号 CB312—64	
		名称	图形符号	名称	图形符号
导线和连接器件、插头插座、电缆终端头	导线	导线、导线组、电线、电缆、电路、传输通路、线路、母线（总线）一般符号	———	(1)一般符号 (2)导线及电缆 (3)母线	(1) ——— (2) ——— (3) ———
		三根导线	/// 或 —/— 3	二根导线	单线符号 多线符号 —//— ===
				三根导线	—///— ===
				n 根导线	—/ⁿ— ═══}n
		柔软导线	—∿—	软电线	—∿—
				移动式用电设备软电成软导线	—∿—
		屏蔽导线	—⊖—	(1)屏蔽导线或电绳	≡≡≡(1) 或 ═══
				(2)部分屏蔽的导线	(2)—⊖—
		同轴对,同轴电缆	—⊖—	同轴电缆	—⊖—
		屏蔽同轴电缆、屏蔽同轴对	—⊖—		
	端子和导线的连接	导线的连接	●	电气连接一般符号	(1)● 或 (2)○
		端子	○		
		端子板(示出带线端标记端子板)	11 12 13 14 15 16		Z
		导线的连接	形式1 ⊤ 形式2 ┴•	导线(或电缆)及母线的分支线(1)单分支	导线 母线 ⊥• ⊥○

表 A-1（续）

项目	种类	新国标符号 GB4728—84～85		旧国标符号 CB312—64	
		名称	图形符号	名称	图形符号
导线和连接器件、插头插座、电缆终端头	端子和导线的连接	导线的多线连接	形式1 ⊥ 形式2	(2)双分子	导线　母线
		可拆卸的端子	⌀	可拆卸的端子	⌀
		导线的不连接（跨越）	＋	导线的不连接（跨越）	＋
		导线直接连接导线接头	─○──○─		
	连接器件	插头（凸头的）或插头的一个极	优选型 ⊃ 其他型 ＞	插头的一般符号	⊃
		插头和插座（凸头和内孔的）	优选型 ▬◁ 其他型 ◁	接插器的一般符号	▬＞
		接通的连接片	优选型 ⊂▬⊃ 其他型 ◁◁	连接片	▬＞＞
		断开的连接片	形式1 ─o▭o─ 形式2 ─┤├─	换接片	─o▭o─
	电缆附件	电缆密封终端头（示出带一根三芯电缆）	多线表示 ◁≡ 单线表示 ◁//	电缆终端头（电缆终端套管）	◁
		不需要示出电缆芯数的电缆终端头	◁		
		电缆密封终端头（示出带三根单芯电缆）	▯		

表 A - 1(续)

项目	种类	新国标符号 GB4728—84 ~ 85		旧国标符号 CB312—64	
		名称	图形符号	名称	图形符号
无源件	电阻器	电阻器的一般符号	优选形 其他形	电阻的一般符号 (固定电阻)	
		可变电阻器 可调电阻器		变阻器 (可调电阻) 一般符号	或
		滑线式 变阻器		可断开电路 的变阻器	
		加热元件			
		滑动触点 电位器		电位器的 一般符号	
	电容器	电容器 一般符号	优选形 其他形	电容器的 一般符号	
		极性电容器	优选形 其他形	有极性 电解电容器	
				无极性的 电解电容器	
		可变电容器 可调电容器	优选形 其他形	可变电容器	
		微调电容器	优选形 其他形	微调电容器	

表 A－1(续)

项目	种类	新国标符号 GB4728—84～85		旧国标符号 CB312—64	
		名称	图形符号	名称	图形符号
无源元件	电感器	电感器线圈绕组扼流器		电感线	
		带磁心的电感器		电感线圈元有铁芯的	
		磁心有间隙的电感器		有铁氧体芯的不可调电感线图	
	半导体二极	半导体二极管一般符号		半导体二极管	
		半导体二极管一般符号		发光效应	
		单向击穿二极管电压调整二极管江二极管		雪崩二极管稳压二极管	
	光敏、光电子半导体	光敏电阻		光敏电阻	
		光电二极管		光电二极管	
		光电池		具有阻挡层的光电池	
	导三极管（双极型晶体管）	PNP 型半导体三极管		PNP 型半导体三极管	
		NPN 型半导体集电极接管壳		NPN 型半导体三极管	
		NPN 型半导体			
	晶闸管	三极晶体闸流管			
		反向阻断三极晶体闸流管,N 型控制极			
		反向阻断三极晶体闸流管 P 型控制极		晶体闸流管	

表 A-1(续)

项目	种类	新国标符号 GB4728—84～85		旧国标符号 CB312—64	
		名称	图形符号	名称	图形符号
电机、变压器及变流器	直流电机	串励直流电动机	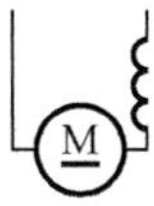	串局式直流电机	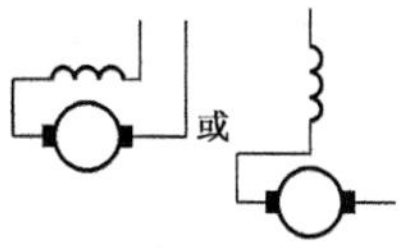
		并励直流电动机 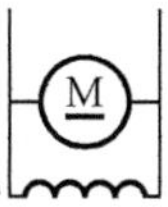		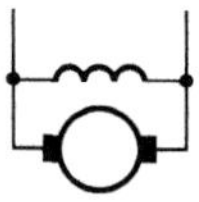 并励式直流电机	
		他励直流电动机		他励式直流电机	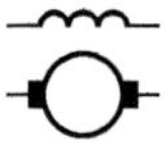
		复励直流发电机	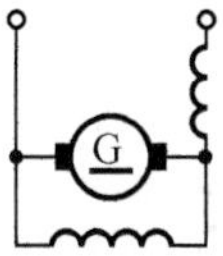	复励式直流电机	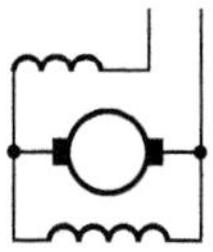
		永磁直流电动机	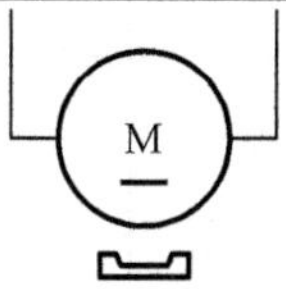	永磁直流电机	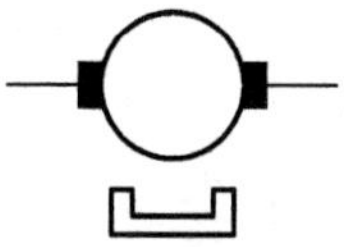
	异步电动机	三相笼型异步电动机	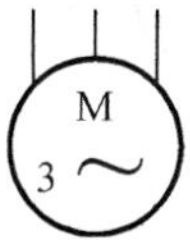	永磁直流电机	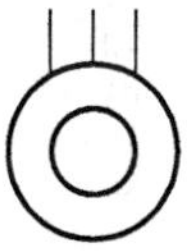
		单相笼型异步电动机	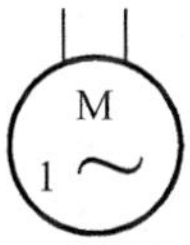	单相鼠笼异步电动机	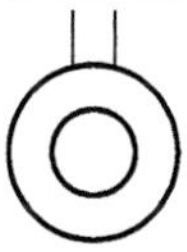
		三相线绕转子异步电动机	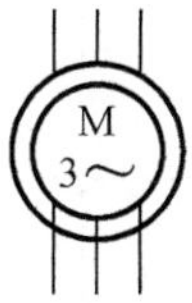	三相滑环异步电动机	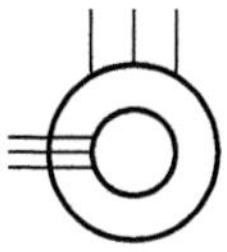
		双速笼型异步电动机（从三角形换接成双星形）		从三角形换接成双星形的双速异步电动机	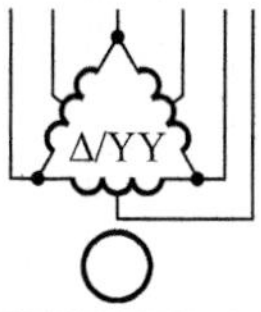
	变压器和电抗器	变压器绕组	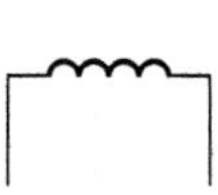	变压器绕组（黑点表示绕组的起端）	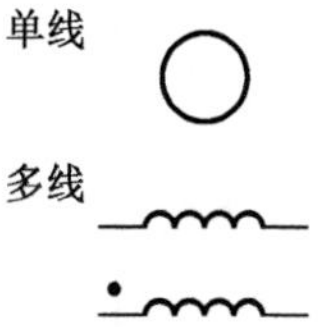 单线 多线

93

表 A－1(续)

项目	种类	新国标符号 GB4728—84～85		旧国标符号 CB312—64	
		名称	图形符号	名称	图形符号
电机、变压器及变流器	变压器和电抗器	变压器的铁芯		变压器的铁芯	
		带间隙的变压器铁芯		带空气隙的变压器铁芯	
		双绕组变压器（黑点表示瞬时电压极性）	形式1 形式2	双绕组变压器	单线 多线
		单相自耦变压器	形式1 形式2	单相自耦变压器	单线 多线
		电抗器、扼流圈		电抗器	
		电流互感器	形式1 形式2	单次级绕组电流互感器	形式1 形式2

表 A－1(续)

项目	种类	新国标符号 GB4728—84～85		旧国标符号 CB312—64	
		名称	图形符号	名称	图形符号
电机、变压器及变流器	变压器和电抗器	三相变压器星形－三角形连接	形式1 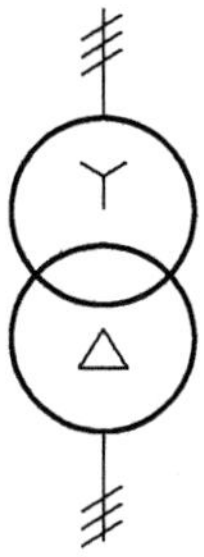 / 形式2 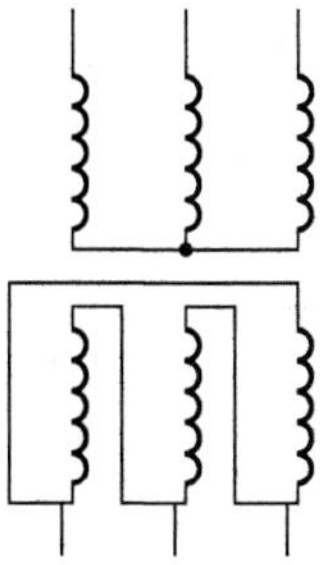	有铁芯的三相双绕组变压器绕组联结：星形—三角形	单线 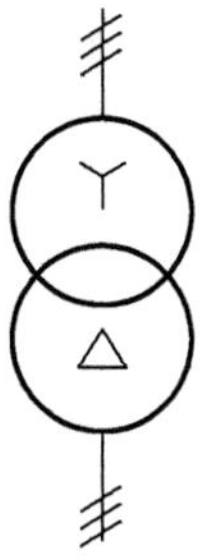 / 多线 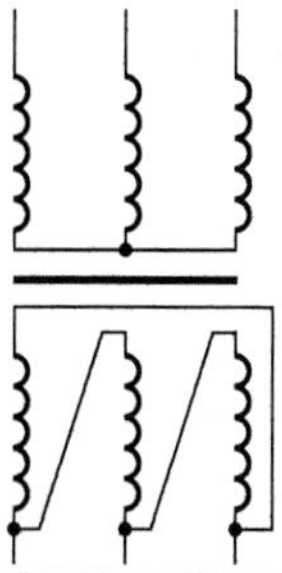
		三相自耦变压器星形连接	形式1  / 形式2 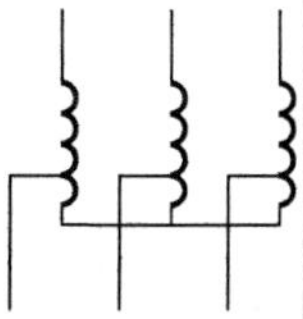	有铁芯的三相自耦变压器，绕组联结为星形	单线  / 多线 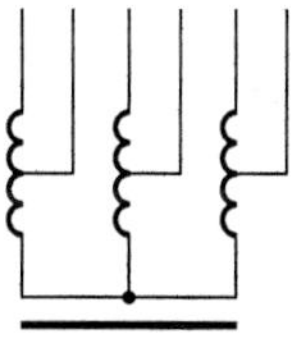
		可调压的单相自耦变压器	形式1 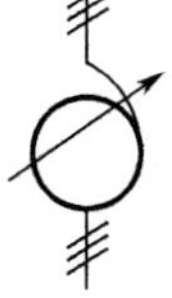 / 形式2 	连续调压有铁芯的单相自耦变压器	单线 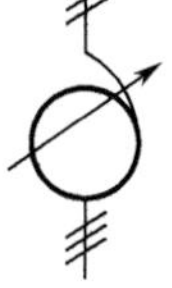 / 多线 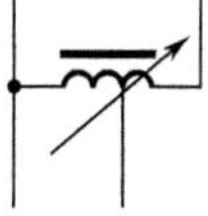
		频敏变阻器	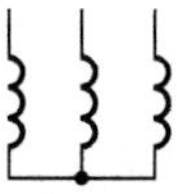	频敏变阻器	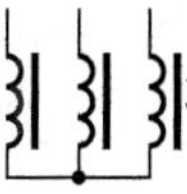 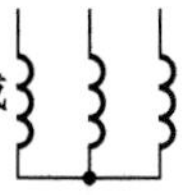

95

表 A－1(续)

项目	种类	新国标符号 GB4728—84～85		旧国标符号 CB312—64	
		名称	图形符号	名称	图形符号
电机变压器及交流器	变流器	桥式全波整流器		桥式全波整流器	或
开关、控制和保护装置	两个或三个位置的触点	动合(常开)触点	形式1 形式2	开关和转换开关的动合(常开)触点	或
				继电器的动合(常开)触点	或
				接触器、控制器的动合(常开)触点	
		动断(常闭)触点		开关和转换开关的动断(常闭)触点	或
				继电器的动断(常闭)触点	或
				接触器、起动器、控制器的动断(常闭)触点	
		先断后合的转换触点		开关和转换开关的切换点	或
				接触器和控制器的切换触点	
				单极转换的2个位置	
		中间断开的双向触点		单极转换开关的3个位置	或

96

表 A - 1(续)

项目	种类	新国标符号 GB4728—84～85		旧国标符号 CB312—64	
		名称	图形符号	名称	图形符号
开关、控制和保护装置	延时触电	延时闭合的动合触点	形式1	时间继电器延时闭合的动合(常开)触点	
			形式2	接触器延时闭合的动合(常开)触点	
		延时断开的动合触点	形式1	时间继电器延时开启的动合(常开)触点	
			形式2	接触器延时开启的动合(常开)触点	
		延时闭合动断的(常闭)触点	形式1	时间继电器延时闭合动断(常闭)触点	
			形式2	接触器延时闭合动断(常闭)触点	
		延时断开动断(常闭)触点	形式1	时间继电器延时开启动断(常闭)触点	
			形式2	接触器延时开启动断(常闭)触点	
		吸合时延时闭合和释放时延时断开的动合(常开)触点		时间继电器延时闭合和延时开启动合(常开)触点	
				接触器延时闭合和延时开启动合(常开)触点	

表 A-1(续)

项目	种类	新国标符号 GB4728—84～85		旧国标符号 CB312—64	
		名称	图形符号	名称	图形符号
开关、控制和保护装置	单极开关	手动开关 一般符号			
		动合(常开)按钮 开关(不必锁)		带动合(常开)触点， 能自动返回的按钮	
		动断(常闭)按钮 开关(不必锁)		带动断(常闭) 触点，能自动 返回的按钮	
		带动断(常闭)和 动合(常开)触点 的按钮开关 (不闭锁)		带动断(常闭)和 动合(常开)触点， 能自动返回 的按钮	
		旋钮开关、 旋转开关(闭锁)		带闭锁装置 的按钮	
		液位开关		液位继电器触点	
	热敏开关及变速灵敏触点	位置开关,动合触点 限制开关,动合触点		与工作机械联动的 开关动合(常开)触点	
		位置开关,动断触点 限制开关,动断触点		与工作机械 联动的开关 动断(常闭)触点	
		对两个独立电路 作双向机械操 作的位置或 限制开关			

表 A - 1(续)

项目	种类	新国标符号 GB4728—84 ~ 85		旧国标符号 CB312—64	
		名称	图形符号	名称	图形符号
开关、控制和保护装置	热敏开关及变速灵敏触点	热敏开关动合热触头(0 可用动作温度代替)		温度继电器动合(常开)触点	
		具有热元件的变气体放电管荧光灯起动器		荧光灯触发器	
		惯性开关(突然减速而动作)		离心式非电继电器触点	
				转速式非电继电器触点	
	单级多极和多位开关	三极开关多线表示		三极开关多线表示	
	开关和控制装置	接触器(在非动作位置触点断开)在控制电路中可不画半圆		接触器动合(常开)触点	
				带灭弧装置接触器动合(常开)触点	
				带电磁吹弧线圈接触器动断(常闭)触点	
		接触器在非动作位置触点(闭合)在控制电路中可不画半圆		接触器动断(常闭)触点	
				带灭弧装置接触器动断(常闭)触点	
				带电磁吹弧线圈接触器动断(常闭)触点	

表 A－1(续)

项目	种类	新国标符号 GB4728—84~85		旧国标符号 CB312—64	
		名称	图形符号	名称	图形符号
开关、控制和保护装置	开关和控制装置	隔离开关		单极高压隔离开关	
				单线三极高压隔离开关	
		具有自动释放的负荷开关		自动开关的动合(常开)触点	
		断路器		自动开关的动合(常开)触点	
				高压断路器	或
	操作器件	操作器件的一般符号	形式1 形式2	接触器、继电器和磁力启动器的线圈	或
		具有两个绕组的操作器件组合表示法		双线圈接触器和继电器的线圈	或

表 A－1（续）

项目	种类	新国标符号 GB4728—84~85 名称	图形符号	旧国标符号 CB312—64 名称	图形符号
开关、控制和保护装置	操作器件	缓慢释放（缓放）断电器线圈		时间继电器缓放线圈	
		缓慢吸合（缓吸）继电器线圈		时间继电器缓吸线圈	
		缓吸和缓放继电器线圈			
		过流继电器线圈	$I>$	过电流继电器线圈	$I>$
		欠压继电器线圈	$U<$	欠电压继电器线圈	$U<$
		电磁制动器		电磁离合器电磁制动器	
	接近和接触敏感器件	接近开关动合触点			
		接触敏感开关动合触点			
		热继电器的驱动元件（热元件）		热继电器热元件	
		热继电器动断（常闭）触点		热继电器常闭触点	

表 A-1(续)

项目	种类	新国标符号 GB4728—84~85		旧国标符号 CB312—64	
		名称	图形符号	名称	图形符号
开关、控制和保护装置	保护器件	熔断器 一般符号	熔断器		
		跌开式 熔断器		跌开式 熔断器	
		熔断器式开关		刀开关—熔断器	
		熔断器式 隔离开关		隔离开关— 熔断器	
		熔断器式 负荷开关			
		火花间隙		火花间隙	
		避雷器		避雷器的 一般符号	
	指示仪表	指示仪表 一般符号	✳	指示式测量仪 表的一般符号	
		电压表	V	伏特表	V
		无功电流表	A/sin φ	安培表	A
		无功功率表	var		
		功率因数表	cos φ	功率因数表	cos φ
		频率表	Hz	赫兹表	Hz

表 A－1(续)

项目	种类	新国标符号 GB4728—84～85		旧国标符号 CB312—64	
		名称	图形符号	名称	图形符号
测量仪表、灯和信号器件	指示仪表	记录仪表一般符号		记录式测量仪表的一般符号	
		电能表（瓦特小时计）	Wh	积算式瓦时表	Wh
		无功电能表	varh		
	灯和信号器件	灯的一般符号信号灯一般符号如要求指示颜色,则在靠近符号处标下列字母: 红 RD 黄 YE 绿 GN 蓝 BU 白 WH		照明灯的一般符号	
				信号灯的一般符号	
				前灯、聚光灯电喇叭	
		闪光型信号灯			
		电喇叭		电喇叭	
		电铃	优选形 其他形	电铃的般符号	
				直流电铃	
				交流电铃	
		电喇叭		蜂鸣器	

表 A −1(续)

项目	种类	新国标符号 GB4728—84 ~ 85		旧国标符号 CB312—64	
		名称	图形符号	名称	图形符号
电力、照明和电信布置	配电、控制和用电设备	屏、台、箱、框一般符号		控制屏、控制台、控制箱	
		动力或动力一照明配电箱(需要时符号内可标示电流种类符号)		电力或照明的配电箱(屏)	
		信号板、信号箱(屏)		信号板、信号箱(屏)	
		照明配电箱(屏)		工作照明分配电箱(屏)	
		事故照明配电箱(屏)	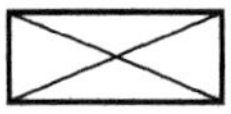	事故照明分配电箱(屏)	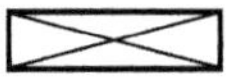
		多种电源配电箱(屏)		多种电源配电箱(屏)	
		直流配电盘(屏)	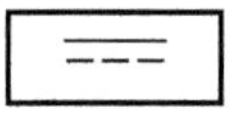	直流配电箱(屏)	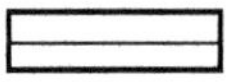
		交流配电盘(屏)			
		阀的一般符号			
		电磁阀	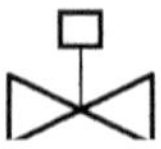	电磁阀	
		电动阀	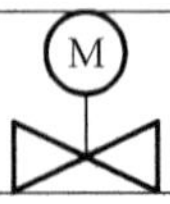		
		按钮一般符号			
		带指示灯的按钮			
		电阻加热装置	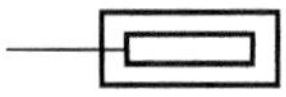	电阻加热炉	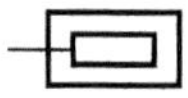
		电弧炉	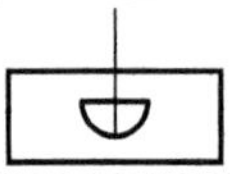	电弧炉	
		感应加热炉	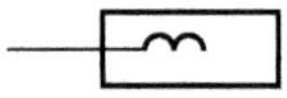	感应加热炉	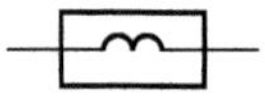

104

表 A - 1(续)

项目	种类	新国标符号 GB4728—84～85		旧国标符号 CB312—64	
		名称	图形符号	名称	图形符号
电力、照明和电信布置	配电、控制和用电设备	电解槽或电镀槽		电解槽或电镀槽	
		直流电焊机		直流电焊机	
		交流电焊机		交流电焊机	
		探伤设备一般符号(星号用字母表示) X—X 射线探伤 Y—Y 射线探伤 S—超声波探伤 M—磁力探伤		X 光机	
				超声波探伤机	
				磁力探伤机	
	插座和开关	热水器(示引出线)			
		风扇一般符号		风扇	
		单相插座 明装 暗装 密闭(防水) 防爆		单相插座一般 涂黑色表示暗装 保护或密闭 (涂黑色表示暗装)防爆	
		带保护接点插座合上带接地插孔的单相插座 明装 暗装 密闭(防水) 防爆		单相插座带接地插孔一般 涂黑色表示暗装 保护或密闭 (涂黑色表示暗装) 防爆	
		带接地插孔的三相插座 明装 暗装 密闭(防水) 防爆		三相插座带接地插孔一般 涂黑色表示暗装 保护或密闭 (涂黑色表示暗装) 防爆	279

表 A - 1（续）

项目	种类	新国标符号 GB4728—84～85		旧国标符号 CB312—64	
		名称	图形符号	名称	图形符号
电力、照明和电信布置	插座和开关	插座箱（板）			
		多个插座 3个插座			
		具有护板的插座			
		具有单极 开关的插座			
		具有联锁 开关的插座			
		具有隔离变压器 的插座（如电动 剃刀用插座）			
		电信插座一般符号 （可用文字或 符号区别） TP—电话 —扬声器 TX—电传 M—传声器 TV—电视 M—调频			
		带熔断器的插座			
		开关的一般符号			
		单极开关 明装 暗装 密闭（防水） 防爆		单极开关 明装 暗装 保护或密闭	

表 A–1(续)

项目	种类	新国标符号 GB4728—84～85		旧国标符号 CB312—64	
		名称	图形符号	名称	图形符号
电力、照明和电信布置	插座和开关	双极开关 明装 暗装 密闭（防水） 防爆		双极开关 明装 暗装 保护或密闭	
		三极开关 明装 暗装 密闭（防水） 防爆		三极开关 明装 暗装 防爆	
		单极拉线开关		一般拉线开关 防水拉线开关	
		单极双控拉线开关			
		双控开关 （单极三线）		双控开关 （单极三线） 明装 暗装	

表 A-1(续)

项目	种类	新国标符号 GB4728—84～85		旧国标符号 CB312—64	
		名称	图形符号	名称	图形符号
电力、照明和电信布置	照明器件	投光灯 一般符号		投光灯	$a×b×c×d$
		聚光灯			
		泛光灯			
		荧光灯一般符号 3 管荧光灯 5 管荧光灯		荧光灯 3 管荧光灯 由荧光灯组成 的花灯	
		防爆荧光灯			
		在专用电路上 的事故照明灯			
		防水防尘灯		防水防尘灯	
		安全灯		安全灯	
		隔爆灯		隔爆灯	
		天棚灯		天棚灯	
		花灯		花灯	
		壁灯		壁灯	
		自带电源的 事故照明灯装置 （应急灯）			

表 A－2　电气设备常用基本文字符号

设备、装置和 元器件种类	名　称	基本文字符号	
		单字母	双字母
组件部件	分离元件放大器	A	
	激光器		
	调节器		
	电桥		AB
	晶体管放大器		AD
	集成电路放大器		AJ
	磁放大器		AM
	电子管放大器		AV
	印刷电路板		AP
	抽屉板		AT
	支架盘		AR
非电量到电量变换器或 电量到非电量变换器	热电传感器	B	
	热电池		
	光电池		
	测功计		
	晶体换能器		
	送话器		
	拾音器		
	扬声器		
	耳机		
	自整角机		
	旋转变压器		
	模拟和多级数字		
	变换器或传感器(用作指示和测量)		
	压力变换器		BP
	位置变换器		BQ
	旋转变换器(测速发电机)		BR
	温度变换器		BT
	速度变换器		BV
电容器	电容器	C	
二次制元件延时器件储存器件	数字集成电路和器件	D	
	延时线		
	双稳态元件		
	单稳态元件		
	磁芯存储器		
	寄存器		
	磁带记录机		
	盘式记录机		

表 A-2(续)

设备、装置和元器件种类	名　　称	基本文字符号	
		单字母	双字母
其他元气器件	本表其他地方未规定的器件	E	
	发热器件		EH
	照明灯		EL
	空气调节器		EV
保护器件	过电压放电器件避雷器	F	
	具有瞬时动作的限流保护器件		FA
	具有延时动作的限流保护器件		FR
	具有延时和瞬时动作的限流保护器件		FS
	熔断器		FU
	限压保护器件		FV
发生器 发电机 电源	旋转发电机	G	
	振荡器		GS
	发生器		GS
	同步发电机		GA
	异步发电机		GB
	蓄电池		GF
信号器件	旋转式或固定式变频机	H	HA
	声响指示器		HL
	光指示器		HL
断电接触器	指示灯	K	KA
	瞬时接触继电器		KA
	瞬时有或无继电器		KA
	交流继电器		KL
	闭锁接触继电器(机械闭锁或永磁式有或无继电器)		KL
			KP
			KM
	双稳态继电器		KR
	极化继电器		KT
	接触器		KR
	簧片继电器		
	延时有或无继电器		
电感器 电抗器	感应线圈 线路陷波器 电抗器(并联和串联)	L	

表 A - 2(续)

设备、装置和元器件种类	名 称	基本文字符号	
		单字母	双字母
电动机	电动机	M	
	同步电动机		MS
	可做发电机或电动机用的电机		MG
	力矩电动机		MT
模拟元件	运算放大器 混合模拟/数字器件	N	
测量设备 试验设备	指示器件 记录器件 积算测量器件 信号发生器	P	PA PC PJ
	电流表		PS
	(脉冲)计数器		PT
	电能表		PV
	记录仪器		
	时钟、操作时间表		
	电压表		
电力电路的开关器件	断路器	Q	QF
	电动机保护开关		QM
	隔离开关		QS
电阻器	电阻器 变阻器	R	
	电位器		RP
	测量分路表		RS
	热敏电阻器		RT
	压敏电阻器		RV
控制、记忆、信号电路的开关器件选择器	拨号接触器 连接级	S	
	控制开关		SA
	选择开关		SA
	按钮开关		SB
	机电式有或无传感器(单级数字传感器)		
	液体标高传感器		SL
	压力传感器		SP
	位置传感器(包括接近传感器)		SQ
	转数传感器		SR
	温度传感器		ST

表 A - 2(续)

设备、装置和元器件种类	名　称	基本文字符号	
		单字母	双字母
变压器	电流互感器	T	TA
	控制电路电源用变压器		TC
	电力变压器		TM
	磁稳压器		TS
	电压互感器		TV
调制器 变换器	鉴频器 解调器 变频器 编码器 变流器 逆变器 整流器 电报译码器	U	
电子管 晶体管	气体放电管 二极管 晶体管 晶闸管	V	
	电子管		VE
	控制电路用电源的整流器		VC
传输通道 波导 天线	控制电路用电源的整流器 导线 电缆 母线 波导,波导定向耦合器 偶极天线 抛物天线	W	
端子 插头 插座	连接插头和插座 接线柱 电缆封端和接头 焊接端子板	X	
	连接片		XB
	测试插孔		XJ
	插头		XP
	插座		XS
	端子板		XT

表 A -2(续)

设备、装置和元器件种类	名 称	基本文字符号	
		单字母	双字母
电气操作的机械器件	气阀	Y	
	电磁铁		YA
	电磁制动器		YB
	电磁离合器		YC
	电磁吸盘		YH
	电动网		YM
	电磁阀		YV
终端设备混合变压、器滤波器均衡器、限幅器	电缆平衡网络压缩扩展器晶体滤波器网络	Z	

表 A -3 电气设备常用辅助文字符号

序号	文字符号	名称	序号	文字符号	名称
1	A	电流	23	E	接地
2	A	模拟	24	EM	紧急
3	AC	交流	25	F	快速
4	A AUT	自动	26	FB	反馈
5	ACC	加速	27	FW	正,向前
6	ADD	附加	28	GN	绿
7	ADJ	可调	29	H	高
8	AUX	助	30	IN	输入
9	ASY	异步	31	INC	增
10	B BRK	制动	32	IND	感应
11	BK	黑	33	L	左
12	BI	蓝	34	L	限制
13	BW	向后	35	L	低
14	C	控制	36	LA	闭锁
15	CW	顺时针	37	M	主
16	CCW	逆时针	38	M	中
17	D	延时(延迟)	39	M	中间线

表 A - 3(续)

序号	文字符号	名称	序号	文字符号	名称
18	D	差动	40	M MAN	手动
19	D	数字	41	N	中性线
20	D	降	42	OFF	断开
21	DC	直流	43	ON	闭合
22	DEC	减	44	OUT	输出
45	P	压力	59	S SET	置位, 定位
46	P	保护	60	SAT	饱和
47	PE	保护接地	61	STE	步进
48	PEN	保护接地 与中性线共用	62	STP	停止
49	PU	不接地保护	63	SYN	同步
50	R	记录	64	T	温度
51	R	右	65	T	时间
52	R	反	66	TE	无噪声 (防干扰) 接地
53	RD	红	67	V	真空
54	R RST	复位	68	V	速度
55	RES	备用	69	V	电压
56	RUN	旋转	70	WH	白
57	S	信号	71	YE	黄
58	ST	起动			

附录 B 导体导线安全载流量

表 B - 1 塑料绝缘铜导线安全载流量(A)

截面 /mm²	明线敷设		穿管敷设(二线)		穿管敷设(三、四线)	
	PVC	XLPE	PVC	XLPE	PVC	XLPE
1.5	25	–	17	22	15	19
2.5	33	–	23	30	20	27
4	43	–	30	40	26	36

表 B-1(续)

截面 /mm²	明线敷设		穿管敷设(二线)		穿管敷设(三、四线)	
	PVC	XLPE	PVC	XLPE	PVC	XLPE
6	56	–	39	52	34	46
10	77	–	54	72	47	63
16	105	–	71	96	64	84
25	137	175	95	128	84	112
35	170	217	118	157	103	138
50	206	264	142	190	126	168
70	264	339	180	243	161	213
95	321	413	218	294	195	258
120	372	480	253	340	225	300
150	429	554	288	–	259	–
185	490	635	331	–	294	–
240	578	749	–	–	–	–
300	666	866	–	–	–	–
400	80	1041	–	–	–	–
500	923	1203	–	–	–	–

注:(1)本表中的安全载流量是根据线芯允许长期工作温度为 PVC:70 ℃;XLPE 为 90 ℃,环境温度为 35 ℃定的。

(2)表中 PVC 为聚氯乙烯;XLPE 为交联聚乙烯;(3)本表安全载流量摘录于《建筑物电气装置》第 5 部分:电气设备的选择和安装第 523 节:布线系统载流量(GB/T16895.15 - 2000)。

1. 在实际环境温度不是 35 ℃的地方,安全载流量应以表 B-2 的校正系数调整。

表 B-2 环境温度不是 35 ℃安全载流量的校正系数

环境温度/℃	15	20	25	30	35	40	45	50
校正系数	1.29	1.22	1.15	1.08	1.00	0.91	0.82	0.71

2. 校正系数的公式应按下式计算:

$$K = \sqrt{\frac{\theta_n - \theta_a}{\theta_n - \theta_c}} \qquad (B-1)$$

式中:K——校正系数;

θ_n——导线、电缆线芯允许长期工作温度,℃;

θ_a——敷设处环境温度,℃;

θ_c——已知安全载流量数据的对应温度,℃。

附录 B 的各表均注明线芯允许长期工作温度及环境(空气)温度,在不是所注明温度的情况下,安全载流量均应按上述校正系数的计算公式调整;

3. 穿导线的钢导管或绝缘导管在空气中多根并列敷设时,安全载流量应以表 B - 3 的校正系数调整。

表 B - 3　管子多根并列时安全载流量的校正系数

管子并列根数	载流量校正系数	管子并列根数	载流量校正系数
2 ~ 4	0.95	4 根以上	0.90

4. 电缆在空气中多根并列敷设时,安全载流量应以表 B - 4 的校正系数调整。

表 B - 4　电缆在空气中多根并列时安全载流量的校正系数

根数		1	2	3	4	6	4	6
配列		○	○○	○○○	○○○○	○○○ ○○○	○○ ○○	○○○ ○○○
电缆	d	1.00	0.90	0.85	0.82	0.80	0.80	0.75
中心	2d	1.00	1.00	0.95	0.95	0.90	0.90	0.90
距离	3d	1.00	1.00	0.98	0.98	0.956	1.00	0.96

5. 多根电缆直埋并列时,安全载流量应以表 B - 5 的校正系数调整。

表 B - 5　多根电缆直埋并列时安全载流量的校正系数

电缆间净距 /mm	电缆根数							
	1	2	3	4	5	6	7	8
100	1.00	0.88	0.84	0.80	0.78	0.75	0.73	0.72
200	1.00	0.90	0.86	0.83	0.82	0.80	0.80	0.79
300	1.00	0.92	0.89	0.87	0.86	0.85	0.85	0.84

6. 在实际地温不是 30 ℃的地方,安全载流量应以表 B - 6 的校正系数调整:

表 B - 6　地温不是 30 ℃时安全载流量的校正系数

温度/℃	15	20	25	30	35	40
校正系数	1.14	1.10	1.05	1	0.95	0.89

表 B-7　交联聚乙烯绝缘电力电缆安全载流量（A）

截面/mm²	二芯				三芯（四芯）			
	空气中敷设		埋地敷设		空气中敷设		埋地敷设	
	铜芯	铝芯	铜芯	铝芯	铜芯	铝芯	铜芯	铝芯
1.5	25	–	28	–	22	–	23	–
2.5	35	27	37	28	29	23	31	23
4	47	36	47	37	40	31	39	31
6	60	47	60	45	52	40	46	38
10	83	64	78	60	72	56	66	51
16	110	87	101	78	96	74	84	66
25	143	104	130	99	122	93	108	84
35	178	130	156	120	152	115	130	100
50	216	157	185	141	184	140	154	120
70	277	203	228	175	236	180	191	147
95	338	247	269	206	286	218	225	176
120	394	288	307	236	332	252	256	199
150	454	332	346	267	383	292	20 –	224
185	520	381	377	298	438	333	325	252
240	615	451	449	344	516	393	375	291
300	711	521	507	390	596	452	423	329

注：计算条件：线芯允许长期工作温度为 90 ℃，环境度为 35 ℃；土壤热阻系数为 1.2 km/W。

7. 校正系数见表 B-2 及表 B-6。

表 B-8　交联聚乙烯绝缘预分支电缆安全载流量（A）

导线			单芯敷设方式1	四芯拧绞敷设方式2
截面/mm²	导体结构/No./mm	直径/mm		
6	7/1.04	3.1	64	56
10	7/1.35	3.7	89	76
16	圆形紧压绞线	4.7	101	100
25		5.9	158	131
35		7	189	158
50		8.5	278	194
70		10.1	305	242
95		11.7	362	294
120		13.2	425	341
150		14.7	483	399
185		16.4	557	462
240		18.6	672	562
300		20.8	761	656
400		24.1	881	772
500		26.9	1019	908
630		30.2	1176	1061

注：(1) 线芯允许长期工作温度为 90 ℃，环境温度为 35 ℃

(2)本表安全载流量摘录于上海南洋一藤仓电源有限公司技术数据。

8. 电缆敷设方式1 见图 B-1。

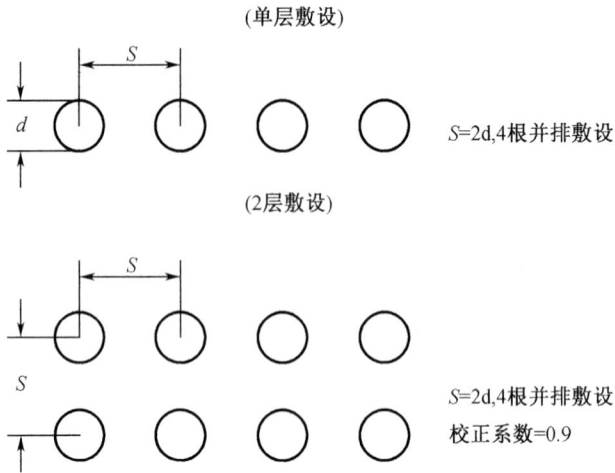

图 B-1 电缆敷设方式1

9. 电缆敷设方式2 见图 B-2。

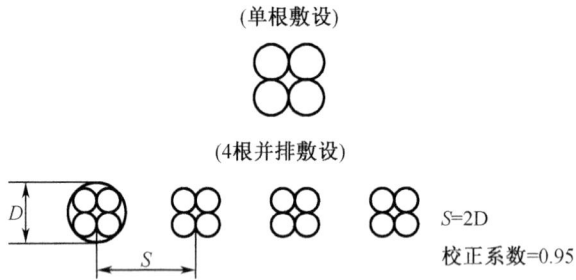

图 B-2 电缆敷设方式2

表 B-9 架空线用各种裸导线的安全载流量(A)

截面 /mm²	型号		
	LJ	LGJ	TJ
4	–	–	44
6	–	–	62
10	66	–	84
16	92	92	114
25	119	119	158
35	150	149	194
50	189	1193	238

表 B－9(续)

截面 /mm²	型号		
	LJ	LGJ	TJ
70	233	228	300
95	286	295	365
120	330	335	426
150	387	319	501
185	440	453	567
240	536	536	678
300	597	615	783

注:(1)计算条件:线芯允许长期工作温度为 70 ℃,环境温度为 35 ℃。

(2)表中 J 为铝绞线;LCJ 为钢芯铝绞线;J 为铜绞线。

表 B－10 金属母线的安全载流量(A)

母线尺寸 mm×mm 宽×厚	铜			铝		
	一片	两片	三片	一片	两片	三片
15×3	185	–	–	145	–	–
20×3	242	–	–	189	–	–
25×3	299	–	–	23	–	–
30×4	418	–	–	321	–	–
40×4	550	–	–	422	–	–
40×5	615	–	–	475	–	–
50×5	756	–	–	585	–	–
50×6.3	840	–	–	651	–	–
63×6.3	990	1530	1970	765	1190	1510
80×6.3	1300	1860	2390	1010	1430	1850
100×6.3	1590	2170	2790	1255	1700	2200
63×8	1160	1900	2460	902	1480	1920
80x8	1490	2300	2970	1160	1800	2310
100×8	1830	2690	3460	1430	2100	2680
125×8	2110	2998	2827	1670	–	–
63x10	1300	2250	2910	1016	1770	2330
80×10	1670	2730	3510	1300	2120	2730
00×10	2030	3180	4090	1600	2520	3200
125××10	230	3615	4585	1820	2820	3610

注:(1)计算条件:允许长期工作温度为 70 ℃,环境温度为 35 ℃;

(2)本表系母线立放的数据,母线间距等于厚度。

表 B-11 圆导体的安全载流量(A)

直径/mm	截面/mm²	圆铝	圆铜
6	28	105	136
7	39	130	17
8	50	160	205
10	79	215	280
12	113	280	365
14	154	345	445
15	177	380	495
16	201	420	535
18	255	490	635
19	284	530	685
20	314	570	735
21	346	610	790
22	380	650	480
25	491	780	1005
35	961	1370	1770

注:计算条件:允许长期工作温度为 70 ℃,环境温度为 35 ℃。

附录 C 各种规格的导线截面、根数、直径及近似英规的对照表

表 C-1 各种规格的导线截面、根数、直径及近似英规的对照

标称截面 /mm²	固定敷设导线用线芯		固定敷设时要求柔软的导线用线芯		移动导线用线芯		特别柔软导线用线芯	
	单数 单根直径	近似英规	单数 单根直径	近似英规	单数 单根直径	近似英规	单数 单根直径	近似英规
0.2	–	–	–	–	7/0.20	7/36	12/0.15	12/38
0.3	–	–	–	–	7/0.23	7/34	16/0.15	16/38
0.4	–	–	–	–	7/0.26	7/33	23/0.15	23/38
0.5	1/0.80	1/12	7/0.30	7/31	7/0.30	7/31	28/015	28/38
0.6	1/0.90	1/0.20	7/0.32	7/30	19/0.23	19/36	34/0.15	34/38
0.7	–	–	–	–	–	–	40/0.15	40/38
0.8	1/1.00	1/19	7/0.39	7/28	19/0.23	19/34	45/0.15	4538
1	1/1.13	1/18	7/0.43	7/26	19/0.26	19/33	32/0.20	32/36

表 C-1(续)

标称截面 /mm²	固定敷设导线用线芯		固定敷设时要求柔软的导线用线芯		移动导线用线芯		特别柔软导线用线芯	
	单数 单根直径	近似英规	单数 单根直径	近似英规	单数 单根直径	近似英规	单数 单根直径	近似英规
1.5	1/1.37	1/17	7/0.52	7/25	19/0.32	19/30	48/0.20	48/36
2	1/1.60	1/16	7/0.60	7/23	49/0.23	49/34	64/0.20	64/36
2.5	1/.76	1/15	16/0.41	19/27	49/0.26	49/33	77/0.20	77/36
3	1/2.00	1/14	19/0.45	19/26	49/0.28	49/32	98/0.20	98/36
4	1/2.24	1/13	19/0.52	19/25	77/0.26	77/33	126/0.20	126/36
5	1/2.50	1/12	19/0.58	19/24	98/0.26	98/33	154/0.20	154/36
6	1/2.73	1/11	19/0.64	19/23	77/0.32	77/30	189/0.20	189/36
8	7/1.20	7/18	19/0.74	19/21	98/0.32	98/30	259/0.20	259/36
10	7/1.33	7/17	49/0.52	49/25	126/0.32	126/30	323/0.20	323/36
16	7/1.70	7/16	49/0.64	49/23	209/0.32	209/30	513/0.20	513/36
20	7/1.90	7/15	49/0.74	49/21	247/0.32	209/30	513/0.20	513/36
25	7/2.12	7/14	98/0.58	98/24	209/0.39	209/28	798/0.20	798/36
35	7/2.50	7/12	133/0.58	133/24	289/0.39	258/28	1121/0.20	1596/36
50	19/1.83	19/15	133/0.68	133/22	323/0.45	323/26	1596/0.20	1596/36
70	19/2.14	19/14	189/0.68	189/22	444/0.45	444/26	999/0.30	999/31
95	19/2.50	19/12	259/0.68	259/22	592/0.45	592/26	1332/0.03	1332/31
120	37/2.00	37/12	259/0.76	259/21	555/0.52	555/25	1702/0.30	1702/31
150	37/2.24	37/13	336/0.74	336/21	703/0.52	703/25	2109/0.30	2109/31
185	37/2.50	37/12	427/0.74	427/21	854/0.52	854/25	2590/0.30	259/3
240	61/2.24	61/13	427/0.85	427/21	1125/0.52	1125/25	3360/0.30	3360/31
300	61/2.50	61/12	513/0.85	513/21	—	—	—	—
400	61/2.85	6l/11	703/0.85	703/21	—	—	—	—
500	91/2.62	91/12	703/0.95	703/20	—	—	—	—
630	127/2.50	127/12	854/0.97	854/20	—	—	—	—
800	—	—	1125/0.95	1125/20	—	—	—	—
1000	—	—	1425/0.95	1425/20	—	—	—	—

注:规程中规定不应采用的软线,是指本附录内的"固定敷设时要求柔软的导线用线芯""移动式导线用线芯"和"特别柔软导线用线芯"三种规格。

附录 D 绝缘导线穿钢导管的标称直径选择表

表 D-1 绝缘导线电线管的标称直径选择表

导线标称截面 /mm²	导线根数						
	2	3	4	5	6	7	8
	电线管的最小标称直径/mm						
1	12	15	15	20	20	25	25
1.5	12	15	20	20	25	25	25
2	15	15	20	20	25	25	25
2.5	15	15	20	25	25	25	25
3	15	15	20	25	25	25	25
4	15	20	25	25	25	25	32
5	15	20	25	25	25	25	32
6	15	20	25	25	25	32	32
8	20	25	25	32	32	32	40
10	25	25	33	32	40	40	40
16	25	32	32	40	40	50	50
20	25	32	40	40	50	50	50
25	32	40	40	50	50	70	70
35	32	40	50	50	70	70	70
50	40	50	70	70	70	70	80
70	50	50	70	70	80	80	80
95	50	70	70	80	80	–	–
120	70	70	80	80	–	–	–

表 D-2 绝缘导体线穿焊接钢管的标称直径选择表

导线标称截面 /mm²	导线根数						
	2	3	4	5	6	7	8
	焊接钢管的最小标称直径/mm						
1	10	10	10	15	15	20	20
1.5	10	15	15	20	20	20	25

表 D-2(续)

导线标称截面 /mm²	导线根数						
	2	3	4	5	6	7	8
	焊接钢管的最小标称直径/mm						
2	10	15	15	20	20	25	25
2.5	15	15	15	20	20	25	25
3	15	15	20	20	20	25	25
4	15	20	20	20	25	25	25
5	15	20	20	20	25	25	32
6	20	20	20	25	25	25	32
8	20	20	25	25	32	32	32
10	20	25	25	32	32	40	40
16	20	26	32	32	40	50	50
20	25	32	32	40	50	50	50
25	25	32	40	40	50	50	70
35	32	40	50	50	50	70	70
50	40	50	50	70	70	70	80
70	50	50	70	70	80	80	-
95	50	70	70	80	80	-	-
120	70	70	80	80	-	-	-
150	70	70	80	-	-	-	-
185	70	80	-	-	-	-	-

注:电线穿 PVC 刚性塑料管,当标称直径为内径时可按此表直接选择;但有的制造厂标称直径按外径,则按表 D-1 选择。

附录 E 三相 380 V 线路电压损失

表 E-1 380 V 导线的电压损失

| 线芯材料 | 截面积/mm² | 导线明敷时的电压损失（相间距离 150 mm）[%（A·km）] | | | | | | 导线穿管时的电压损失[%（A·km）] | | | | |
| | | cos φ | | | | | | cos φ | | | | |
		0.5	0.6	0.7	0.8	0.9	1.0	0.5	0.6	0.7	0.8	0.9	1.0
铜	1.5	3.321	3.945	4.565	5.181	5.789	6.351	3.230	3.861	4.490	5.118	5.743	6.351
	2.5	2.045	2.415	2.782	3.145	3.500	3.180	1.995	2.333	2.709	3.083	3.455	3.810
	4	1.312	1.538	1.760	1.978	2.189	2.357	1.226	1.458	1.689	1.918	2.145	2.357
	6	0.918	1.067	1.212	1.353	1.487	1.580	0.834	0.989	1.143	1.295	1.444	1.580
	10	0.586	0.670	0.751	0.828	0.898	0.930	0.508	0.597	0.686	0.773	0.858	0.930
	16	0.399	0.447	0.493	0.535	0.570	0.569	0.325	0.379	0.431	0.483	0.532	0.569
	25	0.293	0.321	0.347	0.369	0.385	0.367	0.223	0.256	0.289	0.321	0.350	0.367
	35	0.237	0.255	0.271	0.284	0.290	0.264	0.169	0.193	0.216	0.237	0.256	0.264
	50	0.190	0.200	0.209	0.214	0.213	0.181	0.127	0.142	0.157	0.170	0.181	0.181
	70	0.162	0.168	0.172	0.172	0.168	0.133	0.101	0.118	0.122	0.130	0.137	0.133
	95	0.141	0.144	0.145	0.142	0.135	0.099	0.085	0.092	0.098	0.104	0.107	0.099
	120	0.127	0.128	0.127	0.123	0.115	0.078	0.071	0.077	0.082	0.085	0.087	0.078
	150	0.117	0.116	0.114	0.109	0.099	0.063	0.064	0.068	0.071	0.073	0.073	0.063
	185	0.108	0.107	0.104	0.098	0.087	0.051	0.058	0.062	0.063	0.063	0.062	0.051
	240	0.099	0.96	0.092	0.086	0.075	0.039	0.051	0.053	0.053	0.053	0.051	0.039

注：导线工作温度为 60 ℃

表 E-2 三相 380 V 铜母线槽的电压损失

| 型号或规格/A | | 电阻/(Ω/km) | 感抗/(Ω/km) | 电压损失/[%/(A·km)] | | | | | |
| | | | | cos φ | | | | | |
				0.5	0.6	0.7	0.8	0.9	1.0
空气式	100	0.774	0.708	0.456	0.470	0.478	0.476	0.458	0.353
	160	0.382	0.366	0.232	0.238	0.241	0.239	0.230	0.174
	200	0.317	0.307	0.194	0.198	0.201	0.200	0.191	0.145
	315	0.174	0.180	0.111	0.113	0.114	0.113	0.107	0.079
	400	0.131	0.138	0.084	0.086	0.087	0.086	0.081	0.060
密集式	100	0.556	0.163	0.191	0.212	0.231	0.247	0.261	0.245
	250	0.139	0.041	0.048	0.053	0.058	0.062	0.065	0.063
	400	0.113	0.031	0.038	0.042	0.046	0.050	0.053	0.052

注：导线工作温度为 65 ℃

附录 F　通用用电设备电流计算公式

表 F-1　电热、白炽灯、卤钨灯的电流计算公式

分类	额定功率/W	估算电流/A	计算公式
2200V 单相	1000	4.5	$I_N = \dfrac{P_N}{U_\varphi} = \dfrac{P_N(W)}{220(V)}(A)$
380/220 V 二相三线	1000	2.3	$I_N = \dfrac{P_N}{2U_\varphi} = \dfrac{P_N(W)}{440(V)}(A)$
380/220 V 三相四线	1000	1.5	
380 V 单相	1000	2.7	$I_N = \dfrac{P_N}{U_t} = \dfrac{P_N(W)}{380(V)}(A)$

表 F-2　功率因数小于 1 的照明设备的电流计算公式

分类	计算公式
2 200 V 单相	$I_N = \dfrac{P_N}{U_\varphi} = \dfrac{P_N(W)}{220(V)\cos\varphi}$
380/220 V 二相三线	$I_N = \dfrac{P_N}{2U_{\varphi\cos\phi}} = \dfrac{P_N(W)}{440(V)\cos\phi}$
380/220 V 三相四线	$I_N = \dfrac{P_N}{\sqrt{3}\,U_t\cos\phi} = \dfrac{P_N(W)}{1.73\times380(V)\cos\phi}(A)$

注:功率因数 cos 的参考值:

日光灯(镇流器)	0.55	金属卤化物灯(钠铊铟灯、镝灯等)	0.40~0.61
日光灯(电子镇流器)	0.90	高压汞灯	0.45~0.65
高压钠灯	0.45	管形氙灯	0.90

表 F-3　交流电动机的电流计算公式

分类	额定功率/W	估算电流/A	备注	计算公式
单相电动机	1	8	cos φ 以 0.75 计算 η 以 0.75 计算	$I_N = \dfrac{P_N}{U_\varphi\cos\varphi\cdot n} = \dfrac{P_N(kW)\times1000}{220\cos\varphi\cdot\eta}(A)$
三相电动机	1	2	cos φ 以 0.85 计算 η 以 0.85 计算	$I_N = \dfrac{P_N}{\sqrt{3}\,U_N\cos\phi\cdot\eta} = \dfrac{P_N(kVA)\times1000}{1.73\times380\cos\varphi\cdot\eta}$

注:(1)计算公式中,如无功率因数 cos φ,效率 η 的数据时:单相电动机均以 0.75 计算;三相电动机均以 0.85 计算。

(2)电动机功率如以马力 HP 表示时,与千瓦 kW 的折算关系为:1 HP = 0.746 kW。

表 F-4　电焊、X 光机的电流计算机公式

输入电压/V	额定容量/kV	额定电流/A	计算机公式
220	1	4.5	$I_N = \dfrac{P_N}{U_\varphi} = \dfrac{P_N(\text{kVA}) \times 1000}{220}(\text{A})$
380	1	2.7	$I_N = \dfrac{P_N}{U_N} = \dfrac{P_N(\text{kVA}) \times 1000}{380}(\text{A})$

注:X 光机的铭牌上如注有电压(kV)、电流(mA)时,计算公式中的额定容量为:

PN = UN = UN(KV)XIN(mA)/1000(KVA)

附录 G　日用电器功率查对参考表

表 G-1　日用电器功率查对参考表

名称		功率	名称	功率
空调	窗式	800~1250	电取暖器(含油汀)	800~3 000
	分体	950~1 800	浴霸	1 000~2 000
	柜式	2500~3 000	电动按摩浴缸	水泵640、加热泵1 500
	柜式	4 800(三相)	按摩椅	175
冰箱	双门	130	电炊具	电饭锅	500~700~900
	三门	110+130(除霜)		微波炉	800~1000
	冷柜	210		电烤箱	650~1800
洗衣机	双缸	300		电磁炉	1200~1800
	自动	360		电水壶	900~1800
	滚筒(烘干)	3 200		电热水瓶	700
	滚筒式衣物干燥机	600~800		咖啡壶	600~750
电视剧	彩电	130~240		饮水器	600
	黑白	100		电炉	600~1500
收录机		12~30	粉碎机	300
唱碟机		12~10	榨汁机	220~450
家庭影院		250(不含电视机)	脱排油烟机	150~240
家用计算机		250	消毒桓	600~900
电热水器		1200~2400	吸尘器	1000~1300
白炽灯		15、25、40、60 75、100、200	电吹风机	350~1600
日光灯(直管型)		6~40(镇流器4~8) 100(镇流器20)	电熨斗	300~1000

表 G-1(续)

名称	功率	名称	功率
节能灯(异型)	5~15 18 以上(镇流器 4~8)	吊扇	70~150
冷光灯	25、50、75、100	台扇	30~65

附录 H　功率因数的计算和补偿

表 H-1　功率因数调整对照表

序号		功率因数	电费增收百分比/%		序号		功率因数	电费增收百分比/%	
			0.80 标准	0.85 标准				0.80 标准	0.85 标准
1	200.0	0.00	125.0	135.00	52	1.67	0.51	23.00	33.00
2	66.66	0.01	123.00	133.00	53	1.63	0.52	21.00	31.00
3	39.99	0.02	121.00	131.00	54	1.58	0.53	19.00	29.00
4	28.56	0.03	119.00	129.00	55	1.54	0.54	17.00	27.00
5	22.20	0.04	117.00	127.00	56	1.50	0.55	15.00	25.00
6	18.16	0.05	115.00	125.00	57	1.47	0.56	14.00	23.00
7	15.36	0.06	113.00	123.00	58	1.43	0.57	13.00	21.00
8	13.30	0.07	111.00	121.00	59	1.39	0.58	12.00	19.00
9	11.73	0.08	109.00	119.00	60	1.36	0.59	11.00	17.00
10	10.48	0.09	107.00	117.00	61	1.32	0.60	10.00	15.00
11	9.48	0.10	150.00	115.00	62	1.29	0.61	9.50	14.00
12	8.46	0.11	103.00	113.00	62	1.25	0.62	9.00	13.00
13	7.94	0.12	101.00	111.00	64	1.22	0.63	8.50	12.00
14	7.34	0.13	99.00	109.00	65	1.19	0.64	8.00	11.00
15	6.83	0.14	97.00	107.00	66	1.16	0.65	7.50	10.00
16	6.38	0.15	95.00	105.00	67	1.13	0.66	7.00	9.50
17	5.98	0.16	93.00	103.00	68	1.10	0.67	6.50	9.00
18	5.63	0.17	91.00	101.00	69	1.07	0.68	6.00	8.50
19	5.32	0.18	89.00	99.00	70	1.04	0.69	5.50	8.00
20	5.03	0.19	87.00	97.00	71	1.01	0.70	5.00	7.50
21	4.78	0.20	85.00	95.00	72	0.98	0.71	4.50	7.00
22	4.55	0.21	83.00	93.00	73	0.95	0.72	4.00	6.50
23	4.34	0.22	81.00	91.00	74	0.93	0.73	3.50	6.00

表 H-1(续)

序号		功率因数	电费增收百分比/%		序号		功率因数	电费增收百分比/%	
			0.80 标准	0.85 标准				0.80 标准	0.85 标准
24	4.14	0.23	79.00	89.00	75	0.90	0.74	3.00	5.50
25	3.96	0.24	77.00	87.00	76	0.87	0.75	2.50	5.00
26	3.80	0.25	75.00	85.00	77	0.85	0.76	2.00	4.50
27	3.64	0.26	73.00	83.00	78	0.82	0.77	1.50	4.00
28	3.50	0.27	71.00	81.00	79	0.79	0.78	1.00	3.50
29	3.3	0.28	69.00	79.00	80	0.77	0.79	0.50	3.00
30	3.24	0.29	67.00	77.00	81	0.74	0.80	0.00	2.50
31	3.13	0.30	65.00	75.00	82	0.7	0.81	-0.10	2.00
32	3.02	0.31	63.00	73.00	83	0.69	0.82	-0.20	1.50
33	2.91	0.32	61.00	71.00	84	0.66	0.83	-0.30	1.00
34	2.82	0.33	59.00	69.00	85	0.64	0.84	-0.40	0.50
35	2.37	0.34	57.00	67.00	86	0.61	0.85	-0.50	0.00
36	2.64	0.35	55.00	65.00	87	0.59	0.86	-0.60	-0.10
37	2.96	0.36	53.00	53.00	88	0.56	0.87	-0.70	-0.20
38	2.48	0.37	51.00	61.00	89	0.53	0.88	-0.80	-0.30
39	2.40	0.38	49.00	59.00	90	0.50	0.89	-0.90	-0.40
40	2.33	0.39	47.00	57.00	91	0.48	0.80	-1.00	-0.50
41	2.26	0.40	45.00	55.00	92	0.45	0.81	-1.15	-0.65
42	2.20	0.41	43.00	53.00	93	0.42	0.82	-1.30	-0.80
43	2.13	0.42	41.00	51.00	94	0.38	0.83	-1.30	-0.95
44	2.07	0.43	39.00	49.00	95	0.35	0.84	-1.30	-1.10
45	2.02	0.44	37.00	47.00	96	0.32	0.85	-1.30	-1.10
46	1.98	0.45	35.00	45.00	97	0.28	0.86	-1.30	-1.10
47	1.91	0.46	33.00	43.00	98	0.23	0.87	-1.30	-1.10
48	1.86	0.47	31.00	41.00	99	0.18	0.88	-1.30	-1.10
49	1.81	0.48	29.00	39.00	100	0.11	0.89	-1.30	-1.10
50	1.76	0.49	27.00	37.00	101	0.10 及以下	1.00	-1.30	-1.10
51	1.71	0.50	25.00	35.00					

注:实际比率趋于两个序号之间的数值时,功率因数按序号大的一项取值。

例:无功电量为630 kvarh,有功电量为1000 kWh,比率,趋于序号85、86之间,功率因数按序号86的0.85计。

表 H-2 每千瓦有功功率所需补偿电容器的无功率容量(kvar)

改进前的功率因数	改进后前功率因数											
	0.80	0.82	0.84	0.85	0.86	0.88	0.90	0.92	0.94	0.96	0.98	1.00
0.40	1.54	1.60	1.65	1.67	1070	1.75	1.81	1.87	1.93	2.00	2.09	2.29
0.42	1.41	1.47	1.52	1.54	1.57	1.62	1.68	1.74	1.80	1.87	1.69	2.16
0.44	1.29	1.34	1.39	1.41	1.44	1.50	1.55	1.61	1.68	1.75	1.84	2.14
0.46	1.18	1.23	1.28	1.31	1.34	1.39	1.44	1.50	1.57	1.64	1.73	1.93
0.48	1.08	1.12	1.18	1.21	1.23	1.29	1.34	1.40	1.46	1.54	1.62	1.83
0.50	0.98	1.04	1.09	1.11	1.14	1.19	1.25	1.31	1.37	1.44	1.53	1.73
0.52	0.89	0.94	1.00	1.02	1.05	1.10	1.16	1.21	1.28	1.35	1.44	1.64
0.54	0.81	0.86	0.91	0.94	0.97	1.02	1.07	1.13	1.20	1.27	1.36	1.56
0.56	0.73	0.78	0.83	0.86	0.89	0.94	0.99	1.05	1.12	1.19	1.28	1.48
0.58	0.66	0.71	0.76	0.79	0.81	0.87	0.92	0.98	1.04	1.12	1.20	1.14
0.60	0.58	0.64	0.69	0.71	0.74	0.79	0.85	0.91	0.97	1.04	1.13	1.33
0.62	0.52	0.57	0.62	0.65	0.67	0.73	0.78	0.84	0.90	0.98	1.06	1.27
0.64	0.45	0.50	0.56	0.58	0.61	0.66	0.72	0.77	0.84	0.91	1.00	1.27
0.66	0.39	0.44	0.49	0.52	0.55	0.60	0.65	0.71	0.78	0.85	0.94	1.14
0.68	0.33	0.38	0.43	0.46	0.48	0.54	0.59	0.65	0.71	0.79	0.88	1.08
0.70	0.27	0.32	0.38	0.40	0.43	0.48	0.54	0.59	0.66	0.73	0.82	1.02
0.72	0.21	0.27	0.32	0.34	0.37	0.42	0.48	0.54	0.60	0.67	0.76	0.96
0.74	0.16	0.21	0.26	0.29	0.31	0.37	0.42	0.48	0.54	0.62	0.71	0.91
0.76	0.10	0.16	0.21	0.23	0.26	0.31	0.37	0.43	0.49	0.56	0.65	0.85
0.78	0.05	0.11	0.16	0.18	0.21	0.26	0.32	0.38	0.44	0.51	0.60	0.80
0.80	–	0.05	0.10	0.13	0.16	0.21	0.27	0.32	0.39	0.46	0.55	0.75
0.82	–	–	0.05	0.08	0.10	0.16	0.21	0.27	0.34	0.41	0.49	0.70
0.84	–	–	–	0.03	0.05	0.11	0.16	0.22	0.28	0.35	0.44	0.65
0.85	–	–	–	–	0.03	0.08	0.14	0.19	0.26	0.33	0.42	0.62
0.86	–	–	–	–	–	0.05	0.11	0.17	0.23	0.30	0.39	0.59
0.88	–	–	–	–	–	–	0.06	0.11	0.18	0.25	0.34	0.54
0.90	–	–	–	–	–	–	–	0.06	0.12	0.19	0.28	0.49

例:某单位有功负荷为100,原功率因数为07,要求达到功率因数为0.9,间需加装多少容量的电容器。查表8-2,系数为054,所需无功容量 = 100 × 0.54 = 54 kvar。

附录 I　常用铅、铜熔丝额定电流表

表 I-1　铅熔丝的额定电流

额定电流/A	丝号(近似英尺)	直径/mm
5.0	20	0.98
6.0	19	1.02
7.5	18	1.25
10.0	17	1.51
11.0	16	1.67
12.0	15	1.75
15.0	14	1.98

表 I-2　铜熔丝的额定电流

额定电流/A	丝号(近似英尺)	直径/mm
20.0	23	0.60
25.0	22	0.70
29.0	21	0.80
37.0	20	0.90
44.0	19	1.00
52.0	18	1.13
63.0	17	1.37

附录 J　电机、低压电器的外壳防护等级

表 J-1　防止固体进入内部的防护等级

第一位特征数字	简短说明	防护等级含义
0	无防护	没有专门防护
1	防大于 50 m 的固体异物	能防止直径大于 50 m 的固体异物进入壳内; 能防止人体的某一大面积部分(如手)偶然或意外地触及壳内带电部分或运动部件,不能防止有意识地接近
2	防大于 12 mm 的固体异物	能防止直径大于 12 mm、长度不大于 80 mn 的固体异物进入壳内; 能防止手指触及壳内带电部分或运动部件

表 J-1（续）

3	防大于 2.5 mm 的固体异物	能防止直径大于 2.5 mm 的固体异物进入壳内；能防止厚度（或直径）大于 25 m 的工具、金属线等触及壳内带电部分或运动部件
4	防大于 1 mm 的固体异物	能防止直径大于 1 mm 的固体异物进入壳内；能防止厚度（或直径）大于 1 mm 的工具、金属线等触及壳内带电部分或运动部件
5	防尘	不能完全防止尘埃进入，但进入量不能达到妨碍设备正常运转程度
6	尘密	无尘埃进入

注：(1)表中第 2 栏"简短说明"不应用来规定防护类型，只能作为概要介绍。

(2)第一位特征数字为 1-4 的设备，应能防止三个互相垂直的尺寸都超过第 3 栏相应数字、形状规则或不规

则的固体异物进入外壳

(3)对具有泄水孔或通风孔的设备，第一位特征数字为 3 和 4 时，其具体要求由有关专业的相应标准规定。

(4)对具有泄水孔的设备第一位数字为 5 时，其具体要求由有关专业的相应标准规定。

表 J-2　防止水进入内部的防护等级

第一位特征数字	简短说明	防护等级含义
0	简短说明	没有专门防护
1	无防护	滴水（垂直滴水）无有害影响
2	防滴	当外壳从正常位置倾斜在 15° 以内时，垂直滴水无有害影响
3	15°防滴	与垂直成 60° 范围以内的淋水无有害影响
4	防淋水	任何方向溅水无有害影响
5	防溅水	任何方向喷水无有害影响
6	防喷水	猛烈海浪或强烈喷水时，进入外壳水量不至达到有害程度
7	防猛烈海浪	浸入规定压力的水中经规定时间后，进入外壳水量不至达到有害程度
8	防浸水影响	能按制造厂规定的条件长期潜水

注：(1)表中第 2 栏"简短说明"不应用来规定防护形式，只能作为概要介绍。

(2)表中第二位特征数字 8，通常指水密型，但对某些类型设备也可以允许水进入，但不应达到有害程度。

附录 K 爆炸火灾场所电气设备的选型

在气体、蒸气爆炸危险场所各种防爆设备的选型：

表 K-1 防止气体进入内部的防护等级

序号	爆炸危险区域与防爆结构 电器设备	1 区			2 区			
		隔爆	正压	增安	隔爆	正压	增安⑤	无火花⑥
1	三相笼型感应电动机①	○	○	×	○	○	○	○
2	三相绕线型感应电动机②	△	△	—	○	○	○	×
3	单相笼型感应电动机	○		×	○		○	○
4	带制动器的笼型感应电动机	△③		×	○			×
5	三相同步电动机	○	○	×	○	○		
6	直流电动机	△	△	—	○	○	—	—
7	电磁滑差离合器(无电刷)	○	△	×	○	○	○	△

注：①三相笼型感应电动机原则上是具有连续使用的连续额定和短时间使用的短时间额定特性的电动机。

②三相绕线型感应电动机应将其启动电流限制在必要的最小限度,额定值按序号1选择。

③带制动器的笼型感应电动机一般多为继续使用和反复使用,因此特别有必要对其负荷条件、运行特性进

行充分研究后再选型。1区隔爆栏的③符号,指包括控制危险温度的制动器的隔爆型结构。

④指发生电火花的部分为隔爆或正压型防爆结构,而其主体为增安型防爆结构。

⑤对增安型电动机需选择合适的过电流保护装置,防止转子堵转时产生不允许的高温。

⑥表中无火花电动机在用于通风不及及户内具有比空气重的介质的区域内时,需慎重考虑。表中符号意义如下：

○——适用；△——尽量避免；——结构上不实现；无符号——一般不用

表 K-2 低压变压器类防爆结构的选型

序号	爆炸危险区域与防爆结构 电器设备	1 区			2 区		
		隔爆	正压	增安	隔爆	正压	增安⑤
1	干式变压器(包括起动用)	△	△	×	○	○	○
2	干式电抗线圈(包括起动用)	△	△	×	○	○	○
3	仪表用互感器	△		×	○		○

注：表中符号意义同表 K-1

表 K-3 照明灯具类防爆结构的选型

序号	爆炸危险区域与防爆结构 电器设备	1 区		2 区	
		隔爆	增安	隔爆	增安⑤
1	固定式白炽灯	○	×	△	○
2	移动式白炽灯	△	—	○	○
3	固定式荧光灯	○	×	○	○
4	固定式高压水银灯	○	×	○	○
5	携带式电池灯	○	—	○	○
6	指示灯类	○	×	○	○

注:表中符号意义同表 11-1

表 K-4 低压开关和控制器类防爆结构的选型

序号	爆炸危险区与防爆结构 电器设备	0 区		1 区				2 区				
		本质安全	本质安全	隔爆	正压	充油	增安	本质安全	隔爆	正压	充油	增安
1	刀开关、断路器	—	—	○	—	—	—	—	○	—	—	—
2	熔断器	—	—	△	—	—	—	—	○	—	—	—
3	控制开关及按钮	○③	○	○	—	○①	—	○	○⑤	—	○①	—
4	二次启动用空气控制器	—	—	△	—	—	—	—	○	—	—	—
5	电抗启动器和启动补偿器	—	—	△	—	—	—	—	○	—	—	○②
6	启动用金属电阻器	—	—	△	△	—	×	—	○	○	—	○
7	电磁用电磁铁	—	—	○	—	—	×	—	○	—	—	○
8	电磁摩擦制动器	—	—	△④	—	—	×	—	○	—	—	△
9	操作箱、柱	—	—	○	○	—	—	—	○	○	—	—
10	控制盘	—	—	△	△	—	—	—	○	○	—	—
11	配电盘	—	—	△	—	—	—	—	○	—	—	—

注:(1)控制开关是指按钮开关、操作开关等,此外与控制用小型开关相类似的压力开关、浮动开关、限位开关也同样适用。

(2)指将隔爆结构的启动运转开关操作部件和增安型防爆结构的电抗线圈或单绕组变压器组成一体的结构

(3)仅允许用 la。

(4)指将制动片、滚筒等机械部分也装人隔爆壳体内者。

(5)指除隔爆型外,主要开关部件有火花部分为隔爆型其他部分为增安型的混合结合可用。

(6)表中符号意义同表 K-1。

表 K-5　检测仪表和其他设备类的选型

电器设备 \ 爆炸危险区域与防爆结构	0 区 本质安全	0 区 本质安全	1 区 隔爆	1 区 正压	1 区 充油	1 区 增安	2 区 本质安全	2 区 隔爆	2 区 正压	2 区 充油	2 区 增安
热敏电阻热电偶	○	○	○	—	—	×	○	○	—	—	
传感器类（流量、压力、液位）	○	○	○	—	—	×	○	○	—	—	△
电磁流量计传感器	—	○	○	—	—	×	○	○	—	—	△
液体浓度仪（pH 导电率）	○	○	○	—	—	×	○	○	—	—	
气体分析仪	—	○	○	○	—	×	○	○	○	—	△
气体浓度报警器	—	○	—	—	—	—	○	—	—	—	
电-气阀门定位器	○	○	○	—	—	×	○	○	—	—	△
动圈指示器和记录仪	○	○	○	—	—	×	○	○	—	—	○
自动平衡指示记录仪	—	○	○	—	—	×	○	○	—	—	
变送器、运算器类	—	○	○	—	—	×	○	○	—	—	
信号、报警、通信装置	○(Ia)	○	○	—	—	×	○	○	—	—	
车辆用蓄电池	—	—	—	—	—	×	—	—	—	—	○
半导体整流器	—	—	△	△	—	×	—	—	—	—	△
插座式连接器	—	—	○	—	—		○	○	—	—	
接线盒	—	—	○	—	—	×	—	○	—	—	○

注：表中符号意义同表 11-1

在粉尘爆炸性物质场所（10 区、11 区）电气设备的选型

表 K-6　电气设备防爆结构的选型

序号	电器设备		10 区 尘密	10 区 正压防爆	10 区 充油防爆	11 区 正压防爆	11 区 尘密	11 区 IP65	11 区 IP54
1	变压器		○	○	○		○		
2	配电装置		○	○					
3	电动机	笼型	○	○					○
		带电刷	○	○			○		○
4	电器和仪表	固定安装	○	○	○			○	
5		移动式						○	
6		携带式	○					○	
7	照明灯具		○						

注：（1）符○号表示使用。

（2）IP54、IP65 防护等级的标志按《外壳防护等级的分类》（CB4208—84）的规定

在火灾危险场所(21 区、22 区、23 区)电气设备的选型

表 K–7 低压开关和控制器类防爆结构的选型

序号	电器设备	爆炸危险区域与防爆结构	21 区	22 区	23 区
1	电动机	固定安装	IP44①	IP54	IP212②
		移动式和携带式	IP54		IP54
2	电器和仪表	固定安装	充油 P56、IP65、IP449③	IP65	IP22
		移动式和携带式	IPS6、IP65		IP44
3	照明灯具	固定安装	保护	防尘	开启
		移动式和携带式	防尘		保护
4	配电装置		防尘		保护
5	接线盒		防尘		

注:(1)在 21 区内固定安装的 P44 型电机正常运行时有火花的部分(如滑环),应装在全封闭的罩子内。

(2)在 23 区内固定安装的正常运行时有火花(如滑环电机)的电机,不应采用 IP21 型,而应采用 IP44 型。

(3)在 21 区内固定安装的电器和仪表,在正常运行有火花时,不宜采用 IP44 型。

(4)移动式和携带式照明灯具的玻璃罩,应有金属网保护。